如何停止内耗 心理学家教你

[日] 堀田秀吾◎著　[日] 羽毛友里惠◎译

中国纺织出版社有限公司

原文书名：最先端研究で導きだされた「考えすぎない」人の考え方

原作者名：堀田秀吾

Original Japanese title: SAISENTANKENKYU DE MICHIBIKIDASARETA "KANGAESUGINAI" HITO NO KANGAEKATA

 by Syugo Hotta

Copyright ©Syugo Hotta 2020

Original Japanese edition published by Sanctuary Publishing Inc.

Simplified Chinese translation rights arranged with Sanctuary Publishing Inc.

through The English Agency (Japan) Ltd. and Shanghai To-Asia Culture Co., Ltd.

著作权合同登记号：图字：01-2025-1167

图书在版编目（CIP）数据

心理学家教你如何停止内耗 /（日）堀田秀吾著；（日）羽毛友里惠译. -- 北京：中国纺织出版社有限公司，2025.5. -- ISBN 978-7-5229-2525-7

Ⅰ. B842.6-49

中国国家版本馆CIP数据核字第2025BP7578号

责任编辑：柳华君　责任校对：王花妮　责任印制：储志伟

中国纺织出版社有限公司出版发行

地址：北京市朝阳区百子湾东里A407号楼　邮政编码：100124

销售电话：010—67004422　传真：010—87155801

http://www.c-textilep.com

中国纺织出版社天猫旗舰店

官方微博 http://weibo.com/2119887771

天津千鹤文化传播有限公司印刷　各地新华书店经销

2025年5月第1版第1次印刷

开本：880×1230　1/32　印张：6.5

字数：100千字　定价：58.00元

前　言

与其他生物相比，我们人类拥有的特别优越的能力是什么呢？

是思考能力。

正是因为我们具备了这种超越本能的思考能力，我们才能创造出语言、文字、物品和技术，进而建立先进的文明，站在了生物界金字塔的顶端。

古人有言："人是会思考的芦苇。"这句话揭示了我们成为人的关键——我们拥有深思熟虑的能力。

然而，思考并非只有优点，它也有自身的弱点。

那就是我们常常想得太多。

思考无疑是一件好事，但过度思考却可能带来一系列不良影响。它可能导致我们在面对选择时迷失方向，无法做出决定；或者使我们在行动时犹豫不决，无法迈出实质性的步伐；甚至可能使我们陷入无休止的内耗之中。

思考过多，往往使人难以付诸行动，有时甚至会引发身心疾病。

换言之，思考是一把"双刃剑"。

为了做出明智的判断，避免错误的决策，我们不能不思考。然而，过多的思考会阻碍我们的行动，使我们的思维变得消极……

那么，如何找到一个平衡点呢？

世界上存在两类人：**一类是思虑过多而行动迟缓的人；另一类是行事果断，能够迅速做出最佳决策的人。**

你身边是否有这样的人？例如，他们总能迅速行动，做出明智的判断，灵光一闪就想到好主意。

想象一下那些大公司的经营管理者，他们日常的时间安排紧张到分秒必争。尽管面临巨大的时间压力，他们却总能迅速做出最佳的决策。

尽管他们看似未经过深思熟虑，但他们绝非仅凭直觉或运气行动。他们能迅速而明智地做出决策，绝非没有策略或鲁莽。

他们究竟是如何思考的呢？

近年来，对于这种思维和行为的研究已取得进展。心理学、脑科学、语言学、社会学、行为经济学等多个领域的研究均揭示了过度思考者与不过度思考者之间的差异。

以下是一些相关的研究结果：

◆ 思考过多会增加焦虑和负面情绪的强度。

——密歇根州立大学，莫瑟

◆ 信息量越大，花费的时间越多，人们做出的决定反而越不理性。

　　——拉德堡德大学，戴克思特豪斯

◆　那些健忘或只能记住大致事物的人，思考能力可能更强。

　　——多伦多大学，理查兹

◆　与其下意识地不去想，不如通过实际行动来消除烦恼。

　　——堪萨斯大学，克拉夫特

◆　通过抛硬币来决定"做"或"不做"，并不会影响幸福感。

　　——芝加哥大学，莱维特

◆　当大脑处于空闲发呆状态时，其效率可能比思考时更高。

　　——华盛顿大学，莱克尔

◆　越是回忆过去，我们的大脑越容易老化。

　　——日本理化学研究所，木村

◆　出色的人，通过模仿其他出色的人，能更高效地行动和思考。

　　——南丹麦大学，安德丽丝

◆　减少接收的信息量，例如，不使用社交媒体可以提高幸福感。

　　——哥本哈根大学，特罗姆霍尔特

　　除此之外还有很多研究。

关于这些研究，可以总结为：

"适度减少思考会对你的工作和生活产生积极影响，因为它可以增强你的行动力并提升幸福感。"

事实上，许多研究也得出了类似的结论。

本书汇集了全球各地研究机构和学者的研究成果，剖析了不过度思考的人们的思维方式。

全书共分为7章。

第1章从跨学科的角度探讨了过度思考的原因及基本的避免方法。

第2章的主题是如何"优化行动"，以及如何减少犹豫的时间，快速做出明智的选择和决定。

第3章告诉你如何摆脱焦虑状态，恢复"冷静"。

第4章讨论能帮你最大程度地集中注意力和提高"工作效率"的习惯。

第5章讲述了"积极行为"带来的影响及具体的实施方式。

第6章介绍最新研究揭示的大脑、身体和心理之间的联系，以及它们与幸福和健康的关系。

第7章讨论了"情绪重启"的实用技巧。

每章都紧密结合理论与实践，确保读者在阅读后能立即应用到实际生活中。

有人说，如今我们生活在一个"没有正确答案的时代"，与过去截然不同的是现在我们面对着庞大的信息量。虽然很多信息唾手可得，但有太多的选择和需要考虑的事情，使我们难以简单地思考问题。

我们很容易陷入"这个也要，那个也要"的渴望中，但现在，是时候厘清思路，整理出日常生活中重要和必要的东西了。"即使不过多思考，我们也能过得很好。"我希望与你分享这样一种思维方式，助你达到这样的境界。那么，让我们即刻启程吧。

目　录

第3章 摆脱焦虑状态,恢复"冷静"

第4章 最大程度地集中注意力

第**5**章 | 应该保持积极态度的原因

第 1 章

过度思考的原因及避免方法

01

人类的行动原理

其实，世界本身就是由焦虑构建的

行为原理
信息处理
旧石器时代

基于进化心理学的考察

自我们"智人（现代人）"在地球上诞生以来，已经过去了20万年。科技发展到今天，我们可以在任何有网络连接的地方工作，也不乏打发时间的方式……时代已变成这样。

然而，尽管取得了如此巨大的进步，有一点却丝毫没有改变。

那就是我们的行为原理。简单地说，人类的行为原理即为"驱动生物体的动力"。

进化心理学将生物学和心理学相结合，对人类的行为原理做出了如下解释。

所有人的行为动机都是"焦虑"。

为了保护自己和家人的生命安全，我们一直生活在"焦虑"之下。焦虑让我们对新事物充满戒心，使我们希望自己占据优势地位。为了缓解焦虑，我们寻求可以让自己轻松变得安心的方法。

换句话说，人们对某件事情的恐惧和想要做某件事情的欲望，都被认为是源于焦虑。

这种心理机制自旧石器时代以来就没有任何改变。无论是远古时代努力打磨弓箭箭头的人，还是现在乘坐拥挤电车前往公司的人，他们的心理机制都是一样的。

然而，远古时代与现代的主要区别在于人们周围的环境。

几十万年前，没有我们今天认为理所当然存在的生活必需品，没有由钢筋水泥保护的房屋与电器，在当时的环境下，一点小事就可能要了你的命。例如，以前许多人会因为破伤风而死亡，尽管有些伤口现在只需要消毒和贴创可贴就可以解决。

如果不小心，就可能会面临生命危险。因此，人们有必要密切关注日常生活中最细微的变化或不适，以确定其是否具有潜在的危险。即使是最微小的事情，人们也不应掉以轻心，而是要保持警觉。

但现在呢？

我们不需要像原始人那样去打猎觅食，我们有房子与暖气为我们抵挡风雨寒冷。我们可以在便利店和超市买到想要的东西，如果愿意，还可以在网上购买，通常第二天就能送到。

可是，在这个时代，虽然生存风险已经降低，但我们依然焦虑。当工作不顺心时，我们感到失落和沮丧；遇到人际关系问题时，我们心情沉重；思考未来的财务状况时，我们十分无奈；听到有关不确定的未来的消息时，我们更会感到忧虑。这些都是让我们感到不适的事情。

当今世界的信息量巨大，我们一天接收的信息量超过了中世纪人一生的信息获取量。面对充满不确定的未来、他人的行为与言论，以及负面的信息，我们往往会感到焦虑。此外，还存在一种"消极偏差"现象，即人们倾向于优先关注负面信息。

这就导致大脑无法处理信息，越想越焦虑。

生物的进化是一个历经数万年的缓慢过程。我们不可能只是许下了长出翅膀的愿望，就期望翅膀立即长出来。

在人类二十万年的历史中，文明的快速发展仅是最近几千年的事情，相当于我们眼中的几分钟之前。由于进化速度跟不上文明发展的趋势，我们的大脑和身体尚未适应现状。因此，我们很难做到"尽量不焦虑"。

因此，让我们试着改变心态吧。

与其说"尽量不焦虑"，不如说"尽量学会应对焦虑"。

正是我们焦虑和忧虑的天性造就了这个先进的社会。

乱世英豪、现代的成功商人等在世界上取得了巨大成功的人也不是"从不焦虑"的人。

他们是将焦虑的能量向积极的方向转化，从而做出别人无法做到的事情的人。

从大脑结构的角度来看，没有一个人是完全不焦虑的。

所以，人人都可能感到焦虑不安。但是，我们可以通过一些方法来应对焦虑和恐惧，从而不被它们控制。

本书将告诉你该如何应对这种被称为"焦虑"的心理机能，并在日常生活中充分利用它。

这些方法源于在世界各地进行的科学实验，其中凝聚着国内外大学和研究机构的大量文献。

思考是一种美妙的技能，但过度思考会增加焦虑，浪费时间和精力。为了避免这种情况，让我们来看看基于科学研究提出的"不要过度思考"的方法吧！

**不内耗的
简单思考术** 不是尽量不要焦虑，而是有效利用焦虑。

02

烦恼的种子

担心的事情有9成是不会发生的

未来
95%的事我们可以应对
不做会后悔

宾夕法尼亚大学　博尔科韦茨等人

正如之前所说，世界是由焦虑构成的。从这个意义上讲，对于人类来说，"适当的焦虑"至关重要。它促使我们关注事与物，从而实现"危机规避"和"预判"。社会正是由此构建而成，文明和文化也因此得以发展。

然而，当这种焦虑超过一定程度时，就会妨碍我们做眼前需要做的事情，如果超过了我们的承受能力，就会使我们患上疾病。

我们该如何设定界限并学会与焦虑和谐共处呢？

悉尼大学的西德尼·萨博和新南威尔士大学的洛维邦对忧心事进行了研究。

"人们到底在担心什么？"

研究发现，大约一半（48%）的人的烦恼与"解决问题的过程"有关。换句话说，**有一半的受访者苦思冥想的是"我该如何解决这个问题？"**

研究还发现，那些认为结果无法改变的人更倾向于对各种解决方案持消极的态度。这表明，那些认为"自己无论做什么都是徒劳无功"的人更可能无法开始着手解决问题。

此外，研究还发现有这种倾向的人会"一直担心某事，除非发生其他事情"。如果没有其他令他们震惊的事情发生，他们就会陷入持续的担忧之中。

不过，这句话也可以换一种表达方式，即**一旦有其他事情分散了人们的注意力，人们就可能会忽略或忘记那些他们持续**

担忧的问题。

是的，人们往往不是为问题本身烦恼。

当这种情况发生时该怎么办？或者说，如果发生了这种情况呢？要是失败了怎么办呢？他们一直在思考尚未到来的未来。

在这方面，宾夕法尼亚大学的博尔科韦茨等人发表了以下研究结果。

研究发现，"79%的忧心事实际上不会发生，而16%的事情如果提前做好准备是可以应对的"。

因此，忧虑有5%的概率会成为现实。有5%的概率会发生一些你无法控制的事，比如一场史无前例的自然灾害。大多数事情，如果你准备充分，那么在发生时你都能应付自如。

当你心里有担心的种子时，不要被"会发生什么"的焦虑驱使，而是要怀揣"我要让它变成这样的结果"的目标去考虑合适的应对措施、对策，并做好准备。

你越是消极应对事物，寻找不做或不能做的理由，你离克服焦虑就越远。

在焦虑的时候思考，并不会让你的忧虑消失。

在一项相关研究中，康奈尔大学的心理学家吉洛维奇和梅德贝克围绕"后悔"这一主题进行了五种不同的调查。

通过面对面交流、电话访问和调查问卷等多种方式，他们对各年龄段的男性和女性进行了深入的调查。结果表明，**在短**

期内，人们往往是对自己"做过"的事情感到后悔；但从长远来看，他们对自己"没做"的事情感到后悔的程度更高。

此外，研究还发现，随着时间的推移，人们因没有采取行动而产生的后悔情绪往往会加重。

俗话说，"做了后悔"胜过"没做后悔"，从长远来看，人生似乎也是如此。

如果你也会遇到同样的问题，那就必须未雨绸缪。与其想"如果我解决不了怎么办"，不如想"我怎样才能解决"，并从采取行动的角度去思考。

能够意识到这一点的人，很可能就是那些经历过"结果稍后才会出现"的人，他们正是能够毫不犹豫地采取行动的人。

不内耗的简单思考术 对于世界上发生的大多数事情，如果你认为这是你可以处理的事情，你就可以积极地应对它。

03

学会遗忘

现在所焦虑的事情在
明年的此时此刻
大部分都会忘记

1个月忘掉80%
遗忘能力的大小
信息优先度

艾宾浩斯遗忘曲线

尽管有些唐突，但是请问：你还记得昨天晚餐吃了什么吗？

那么，前天或三天前的晚餐呢？一周前或一个月前的晚餐呢？

像这样，越往前追溯，你就越无法回答这个问题。

德国心理学家赫尔曼·艾宾浩斯曾在19世纪对人类记忆进行了研究，并留下了"遗忘曲线"理论。该理论通常被称为"艾宾浩斯遗忘曲线"，是一项关于人的记忆如何随时间变化的研究。

艾宾浩斯要求参与者记住由"辅音、元音、辅音"三个字母组成的一些无意义音节，并调查他们的记忆需要多长时间才会丢失。

结果显示，**在记完20分钟后，几乎一半的记忆就会被遗忘**，而剩下的记忆也会随着时间的推移而逐渐消失。

详情如下：

20分钟后，忘了42%的内容；

1小时后，忘了56%的内容；

1天后，忘了74%的内容；

1周后，忘了77%的内容；

1个月后，忘了79%的内容。

也就是说，一个月后忘了近80%。

都说人类是健忘的生物，我们确实忘了很多东西。

然而，这种健忘并不一定是坏事，甚至可以被视为一件积极的事情。

例如，你今天过得很糟糕，被他人讽刺、在工作上失误，那么你可能会暂时感到不愉快，而且根据事件的性质，还可能会被情绪困住一段时间。

然而，一个月后，你就会忘记大部分内容。

每个人肯定都有过一段艰难的岁月，比如为换工作而焦头烂额的时候，为抚养孩子而煞费苦心的时候，为参加社团活动或学习而苦恼的时候。

然而，除非有人提醒你，否则即使是那样的大事件也可能会变得难以回忆，你会觉得"啊，确实有这回事"，或者即使你能记起，也可能会觉得记忆模糊。

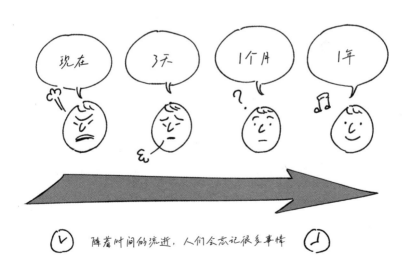

随着时间的流逝，人们会忘记很多事情

它们成为久远的回忆，被深深地藏在脑海中。

即使你现在有无法摆脱的烦恼，随着时间的流逝，你也会忘记其中的大部分。换句话说，**花在小烦恼上的时间很可能对将来而言完全是一种浪费**。

重要的事情需要通过做好记录等方式记住，但关键在于不要纠结于那些不那么重要的事情。

遗忘也是一种快速处理过去不需要的信息，并对"现在的新信息"做出反应的能力。

详细的机制将在后面解释，但人们认为，如果个体能"大致"或模糊地记住事情，而不是事无巨细地记住所有内容，那么他的思考和决策能力会更强。

判断和处理信息的速度越快，遗忘能力就越强。培养遗忘能力对于不过度思考也很重要。

**不内耗的
简单思考术**

遗忘能力是对新信息做出反应的能力。
遗忘能力越强，思考能力就越强。

04

专注力与幸福

当对"此时此刻"没有意识时，大脑会陷入焦虑

哈佛大学 基林斯沃思和吉尔伯特

有些突然，但是我有一个问题要问你。

问："焦虑"的反义词是什么？

没错，答案是"安心"。

安心是一种安宁的心境，也被称为"幸福"。正如人们所说，人生的目标就是追求幸福，因此人们常常会渴望摆脱焦虑，寻求安全感和幸福感。

然而，这个问题的难点在于，幸福的内涵并不容易具体化。换句话说，"我们知道幸福很重要，但不知道怎样才能幸福"。

对于"幸福是什么？"这个问题，答案因人而异。我们之所以不知道如何变得幸福，是因为首先很难定义幸福。

那么，科学家是如何定义幸福的呢？

哈佛大学的心理学家基林斯沃思和吉尔伯特经研究认为：

"幸福所必需的是精神和身体的高度集中。"

在一项发表在《科学》杂志上的研究中，基林斯沃思等人利用一个他们自行设计的苹果手机应用程序进行了实验。他们对13个国家的5000名年龄在18~88岁的人提出了"你现在在做什么？""你现在在想什么？""除了现在正在做的事情，你还在想其他事情吗？"等各种问题，并收集他们对这些问题的回答。

结果显示，46.9%的受访者在想与他们正在做的事情无关的事情。

结果还显示，当人们正在做的事情和正在想的事情不同时，幸福感会较低。

换句话说，当你不专注于眼前的事情时，你就不太容易感到幸福。当你全神贯注时，你更容易感到幸福。

的确，当你全神贯注于某件事情，以至于忘记了时间时，那段时间会让你感到无可替代的充实。这是因为**当你全神贯注于某件事情时，你就无法思考其他事情。**

"正念（Mindfulness）"在被斯坦福大学和谷歌引入之后，成了一个热门话题。"正念"的目的是通过专注于深呼吸和不去想其他事情来重置身心。换句话说，"放下烦恼"就是"将意识集中在当下（从而不去想不必要的事情）"。

也就是说，重要的是建立一个系统，让你在日常生活中专注于眼前的事情，以避免陷入过度焦虑。

做到这一点的方法很简单，关键词是"拼命努力"。

从大脑机制的角度来看，"动力开关"不是简单的态度或心态，如"好，开始干活！"，就能触发的。

办法只有一个——开始执行任务。当你开始实际工作时，它就会自动开启。当你工作时，你会进入一种深度专注的状态。

换言之，脑科学现在已经发现：**除非你开始着手做，否则你无法集中精力，无法获得动力。**

因此，要集中精力，唯一的方法就是尽量减少思考"我不喜欢这样"，并立即着手处理手头的工作。加快这一循环过程可以防止过度思考，提高人们的幸福感。

你有没有过这样的经验？在开始做一件不想做的事情之前，心中充满了"讨厌啊""麻烦啊"等念头，但当着手做后，却发现"行动起来自然就能集中精力了""只要行动起来，就能够感到充实和满足"。

重要的是要开始做，并迅速进入专注模式。

越是无论如何都要做的事情，越要试着尽快开始。给自己的时间越多，你就会越觉得不想做，负面的想法和情绪也会更容易出现。

负面的冲动会让人产生逃避现实的行为。这种行为的典型例子是在"考前必须复习"时，却突然开始打扫房间，或者一口气看完一整本漫画书。

但是……

在打扫房间或看漫画时，你心里可能总会想着"啊，我必须赶快学习"或"如果我不学习会怎么样"。这些焦虑和压力应该都会表现在你的脸上。**如果你搁置了重点任务，最终你会发现，自己很难集中精力去做任何事情。**

通过立即处理需要完成的工作，积累"进展顺利"或"出乎意料的愉快"等感觉和成功体验，我们可以建立起一套专注系统。此时，请尽量尝试"不要多想"。

**不内耗的
简单思考术**

优先级越高的事情，就越应该先做。

这是通向幸福和安心的捷径。

05

大脑的力量

比起苦思冥想，放空思绪可能更有助于提高"思考能力"

无意识地
有机的连接
突破点

华盛顿大学　莱克尔

"绞尽脑汁"一词经常被用来形容思考时消耗大量能量的感觉。

然而，最近的脑科学研究表明：

"大脑空闲时消耗的能量是忙碌时的2倍。"

根据精神病学家西多昌规及其同事的研究，当你不思考时，大脑会比刻意思考时更加活跃。

华盛顿大学莱克尔等人的研究也证明了这一点。该研究比较了个体在"做事"和"放空"时的大脑活动情况，发现大脑中与记忆和价值判断相关的区域在放空时更为活跃。

大脑的这一机能被称为**"默认模式网络"**，研究认为，当个体处于休息状态，不做任何事情时，大脑的多个区域会变得活跃。

那么，为什么当我们无所事事时，大脑会工作得更好呢？

当你有意识地进行思考等活动时，大脑中与该活动相关的区域就会变得活跃，大脑中的能量就会集中在那里。

这是一种能量集中于一点的状态。

事实上，这种状态对大脑来说效率并不高。

而且，当我们放空自己时，能量会分布在整个大脑中。**原本流向大脑某个特定部位的能量会到达许多地方，从而在大脑内部形成一种有机的"连接"。**

这种连接将以前没有联系的东西连接在一起，新的、更好的想法就会瞬间被激发出来。

这就像你在做梦一样，现实中不可能出现的人、事、物和情境被连接起来，组成梦境。

整个大脑被激活，并在无关联的内容间建立起联系，就会产生刻意思考时无法获得的"伟大创意"。

另外，如果你有意识地用"好吧，让我想想！"这样的劲头进行思考，大脑就会过热，思维就会陷入僵局。

关键词是"无意识"。当你发呆的时候，虽然你并没有意识到自己在做某件事，但实际上你的大脑正在背后默默地努力工作，并有着出色的表现。

正如人们常说的，当你放弃寻找时，你就会找到一直在寻找的东西。当你的思维钻进了"必须采取行动"的牛角尖时，请试着从思考状态中抽离，让大脑休息一下吧！

　　自从了解到这一点后，我就不再过度思考了，而是尽量抽出时间放松。这样，陷入僵局的问题有时就会迎刃而解了。

　　因此，为了突破思考瓶颈，分清轻重缓急是必要的。

　　剑桥大学的马斯沃克说过，人的注意力只能持续30分钟。如果你不停地重复做同一件事，你就会犯越来越多的错误。如果你一直做同一件事，你的大脑很快就会感到厌倦。

　　因此，在集中注意力和放松的状态中来回切换，是让大脑有效运作的方法。

**不内耗的
简单思考术**

为了更好地思考，"不思考的时间"也很重要。

第 **2** 章

优化行动

二手车实验
信息过载
焦虑增加

06

合理的选择

并不是"掌握的信息越多，越能做出好的选择"

混乱
取舍
无意识的利用方法

拉德堡德大学　戴克思特豪斯等人

我们常说"人生就是一连串的选择",但做决定却是很困难的事情。有人说,我们的大部分烦恼都是在我们难以决定该做什么的时候出现的。

因此,在第2章中,我们将探讨如何更有效地做出选择,以及减少在选择上纠结的时间,从而更快地做出明智的决定。

首先,让我们来看看在做选择时,你的基本态度是什么。

你认为在购物或决定工作上的事情时,怎样做决定最好?

尽管多数人倾向于收集尽可能多的信息,然后从中选择自己认为最好的,**但事实上,为了做出"最好的选择"而花时间收集大量信息,可能会适得其反,导致我们做出错误的选择。**

这到底是怎么回事呢?

荷兰拉德堡德大学的心理学家戴克思特豪斯及其同事利用二手车进行了两项实验。

在第一阶段实验中,他们准备了四辆二手车,其中只有一辆性价比非常高。研究人员告诉参与者每辆车的规格,测试他们是否能选出那辆性价比最高的车。参与者被分为两组:

①慎重考虑再选择的小组。

②选择时间较少的小组(设定了时间限制,并且在决定前他们必须先完成一些谜题任务)。

这两组人都得到了包括"燃油效率"和"发动机"在内的四个类别的汽车描述。

结果显示:大部分"认真思考组"的参与者都能选出性价

比最高的汽车；半数以上"选择时间短组"的参与者也能选出
性价比最高的汽车。

然而，这个实验只是第一阶段，真正的挑战在于第二阶段。

第二阶段的情况相同，四辆车中有一辆是"最优解"，
参与者被分成两组：①慎重考虑再选择组；②选择时间较
少组。

然而，与前述实验不同的是"说明的详细度"。为了提
供更详细的解释，研究者对每辆汽车的分类描述增加到了12
个。例如，告诉了他们后备箱的大小和饮料架的数量。结果，
在经过慎重考虑再选择的小组中，选择"最优解"的参与者
比例不到25%，与仅靠猜测从4辆车中选出"最优解"的概率
（=25%）相差不大。

**然而，在选择时间较少的一组中，有60%的参与者能够选
出"最优解"。**

这究竟是怎么回事呢？

进行这项实验的戴克思特豪斯也用足球做了同样的实验。

他将参与者分成三组，要求他们预测一场足球比赛的
输赢。

第一组是"仔细思考"组。研究者给他们充足时间来预测
哪支球队会获胜，让他们在仔细思考后做出预测。

第二组是"猜测"组。这一组完全凭直觉预测哪一队会
获胜。

第三组是"快速决定"组。他们先做一项与比赛无关的任务（如拼图），然后在短时间内做出预测。

结果，正确率最高的一组是**"快速决定"组，其正确率比第一组和第二组的总和还要高3倍以上。**

在汽车实验和足球实验中，都是在短时间内做出决定的小组正确率更高。究其原因，研究者认为是**必须在短时间内做出决定的那一组因为时间较少，所以能够正确地对信息进行优先排序，做出理性的选择。**

例如，由于时间不够，参与者能够缩小范围，快速优先考虑那些被认为重要的指标，如二手车的"燃油效率"和足球队的"国际足联世界排名"，从而做出理性选择。

然而，仔细思考组的人则是由于信息过载，产生了混乱。

他们有时间去思考细节，如"杯架的数量"或"有关球员的传言"，这使得很小的缺点或负面因素看起来都像是大问题。

因此，他们很难进行简单而广泛的思考。

人们很容易认为，只要收集到大量信息并加以全面考虑，就能做出正确的决定，但事实并非总是如此。

有时，经过深思熟虑后，你最终会得到一个次优答案。

在第5节中，我们说思考的力量是"在无意识时释放"的。

即使你没有有意识地去思考，你的潜意识也在自行选择信息。在这两项实验中，用时少的组在做决定前都在做其他任务，比如拼拼图，但在他们做这些任务时，大脑其实是在潜意识中思考的。

相反，当我们试图有意识地思考问题时，有时会把注意力集中在"细枝末节"上，并误以为这些是重要的。

从细节方面思考问题，而不是进行建设性的理性思考，会增加我们的焦虑，使我们难以做出决定。

做好万全的准备很重要，但并不是"只要有足够的时间，就能做出正确的选择"或"信息越多越好"。

工作能力强的人通常行动迅速，但这并不意味着他们没有策略，随随便便就能做出最好的选择。

他们可能会被形容为"头脑灵活""做事有条理"或"凭直觉行事"，但我认为本质上是他们善于利用无意识。

确定优先级，不关注（=忘记）细枝末节。这些习惯能减少过度思考，加快行动速度。

**不内耗的
简单思考术**

如果信息太多或考虑时间太长，小事就会变得越来越让人在意。

07

决策与满意度

通过抛硬币来决定"做"或"不做"，并不会影响幸福感

离婚
并非决定方式的问题
限时活动

芝加哥大学　莱维特

此前说过，"有时最好不要掌握太多信息"。

然而，即便如此，对我们来说，还是越是重要的事情就越难迅速做出决定。例如，更换工作等人生大事就是其中的典型。对错的评判标准越复杂，做出决定往往就越困难、越耗时。

下面的一项研究可以给我们一些启示。

芝加哥大学的经济学家史蒂文·莱维特进行了一项研究，探讨面对人生的重大抉择，无法自己做决定的人应该如何做决定。

莱维特为这项研究建立了一个网站。该网站被称为"掷硬币网站"，访问者在网站上写下他们难以决定的事情，然后点击投掷屏幕中的硬币。

如果硬币显示正面，则表示"做"；如果显示反面，则表示"不要做"。

莱维特花了一年时间，在这个网站上收集了4000人的烦恼，并对用户进行了跟踪调查，了解他们的生活因抛硬币做出的决定发生了怎样的变化。

最常见的烦恼是"是否应该辞职"，其次是"是否应该离婚"，令人惊讶的是，有63%的用户真的根据抛硬币的结果采取了行动。

更令人惊讶的是，**无论掷硬币的结果是正面还是反面，那些采取了一些行动来解决问题的人在6个月后都更加快乐。**

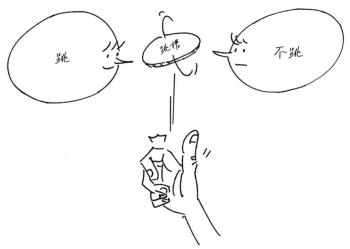

即使通过抛硬币来决定，幸福度也会提高

结果显示，无论是决定"离开公司"还是"继续努力"，两种选择都能带来更高的幸福感。

换句话说，重要的不是你如何决定，而是你能否在一开始就做出决定。决定去做，决定不去做，只要下定决心，最终都会对你的生活满意度产生重大影响。

根据一家职业支持公司的调查，93%的人正在考虑在不久的将来更换工作。

当然，如果这是一个积极的职业规划的一部分，那就没有问题，但如果你处于"迷茫"状态，总想着"我想辞职，但是……"，则可能会导致你的工作绩效下降。

如果你很难做出决定，可以先给自己设定一个期限，比如"在接下来的3个月里，我将继续目前的工作"，在3个月后再重新评估自己是否真的想离开。

如果你愿意，也可以尝试像这个实验一样，通过掷硬币决定。

停滞不前是过度思考的原因之一。请珍视你的决定，勇往直前。无论遇到多少困难，人类总是能够找到解决问题的方法并继续前进。

**不内耗的
简单思考术**

重要的是采取行动。先设定一个期限，并制订行动与否的计划吧。

08

比较研究

为什么人类喜欢
"比较"

社会比较
自我评价机制
认知效率

费斯廷格和穆斯韦勒

在做决定时，人们会收集信息并进行"比较"。

过去，做比较和决定是一件相当困难的事情，但现在，一切都变得容易了，比如购物、选择去哪里、搬到哪里。

我们每天都能在电视节目和网络文章中看到"排名特辑"，这可能会使我们想要购买排名高的产品。但如果我们发现自己的工资比别人低，我们也可能会感到不开心。这就是为什么说"人类是喜欢比较的动物"。

人们为什么喜欢比较呢？

美国社会心理学家利昂·费斯廷格这样说：

"人们进行社会比较是为了获得准确的自我评价。"

费斯廷格说，人们需要熟悉自己的处境和身边的环境，以便适应社会，人们进行比较是为了明确自己在周围环境中的位置。

明确自己在周围环境中的位置，可以帮助我们更好地理解自己的角色和任务

换言之，在社会中生活时，我们最好知道自己是谁、自己

是什么样的人。

这种对自己和他人的定位在心理学中被称为"社会比较"。

德国心理学家穆斯韦勒和他的同事解释了为什么人们经常进行社会比较：

"因为比较更能提高认知效率。"

例如，如果你想知道自己的身体素质如何，可以通过查看体育测试结果或比较跑步时间来了解；如果你想知道自己的学习能力如何，可以看看自己的考试成绩和排名。

但是，如果不通过比较来判断，想知道这些问题的答案，我们的大脑就必须处理大量的信息。事实上，要想找到客观的指标都很困难。

人类基本上是怕麻烦的，更确切地说，是以效率为导向的，所以人们会为了以更节能的方式做出决策而进行社会比较。

从这个意义上说，比较是人类在社会生活中习得的一项重要技能。

但是，我们也不能被这种技能左右。它会让我们永远无法下定决心，也会降低我们的自我评价和积极性。

消除过度比较的最好办法是减少信息量。

如果你真的想停止比较，你可以一个人住在荒岛等地方，不与其他人接触，完全不接收任何信息……

但这并不现实。因此，即使不完全屏蔽信息，也要尽量限

与信息保持一定的距离，避免过多比较

制信息量。

例如，如果你一打开社交网站就厌烦，你可以试着停止使用它或减少看它的次数。如果你不再看它，你就不会去比较。

你也可以试着停止一摸手机就打开应用程序的无意识行为，或者一整天都不碰手机或电脑。

在一项相关研究中，北卡罗来纳大学的塞迪基德斯和斯特鲁夫发现，70%的人认为自己的水平高于平均。

这是一种被称为"优越感错觉"的偏见，它意味着约有20%的人会高估自己。这也意味着他们有超越平均水平的强烈愿望。

另外，也有研究表明，越优秀的人对自己的评价就越低，邓宁和克鲁格以学生为研究对象进行的实验表明，班级前25%的学生低估了自己，他们平均认为自己处于班级的前30%。

无论如何，比较是人类最初习得的便利技能之一，在发生比较时，我们只要平静地思考"就是这么回事"就好。

毕竟，社会评价是别人制定的规则和指标，会随着所属组织的变化或时间的推移而改变。它不是绝对的。

如果这样想，你可能会更容易专注于你自己制订的标准。

与其事事比较后再决定，有时不如凭直觉、凭感觉决定事情。

不内耗的简单思考术

我们进行比较只是为了方便。
如果感到疲惫，就限制信息的接收吧。

09

行为与焦躁

为了"避免损失"而采取行动时，可能会发生判断失误

赚回
风险
赌徒思维

北海道大学　村田

俗话说"心急吃不了热豆腐"。

正如"粗心出错"一词所表述的那样，即使是一些只要稍加小心就不会出错的事情，匆忙中也会出错。

那么，人在什么时候会慌乱和犯错呢？

北海道大学的村田以学生为对象做了如下实验。

研究者将学生分成三组，要求他们按下手边与显示器上箭头方向相同的按键。

①无论回答正确与否，都没有特别的奖惩。

②一开始有500日元报酬，如果他们出错或没有及时按下按钮，每失误一次就要被罚款2.5日元。

③从0日元开始，每按对一次可获得2.5日元。

该实验旨在了解"报酬"和"罚款"是否与犯错有关。

结果显示，**组②的正确率明显低于组①和组③**。

这是因为"要在规定时间内答对，否则报酬就会减少"的压力带来了焦躁感，进而导致失误增加。即使被试们面对的是通常情况下很容易完成的任务。

村田还做了一个相关实验。

参与者收到了2000日元的本金，并进行了一个模拟赌博的游戏。

参与者使用一个特制的装置，从"10日元"或"50日元"两个选项中选择一个。如果装置显示"中奖"，参与者就会得到所选择的钱；如果显示"未中奖"，参与者就会输掉相应的钱。

结果显示，当一个人输掉"50日元"时，他下次继续选择"50日元"的可能性很高。换句话说，**当你输掉很多钱时，你就会为了挽回损失而铤而走险。**在实际的赌博中，下注越多，输得越多，人们就越渴望挽回损失。

投资中的"止损"概念指的是，当股价下跌而上涨无望时认为"损失已经无法挽回了，还是放弃吧"，尽早卖出以明确自己损失的行为。

据说这是投资初学者必学的规则之一。

也就是说，初学者更难下决心止损，很容易不停扩大损失。

人们似乎对亏损比对赚钱更敏感。

在诈骗和推销中，"现在可是大赚！""现在更便宜了！"也是常见的话术。人们之所以会对这些话做出反应，**并**

不是因为他们想获利，而是因为他们有一种"如果现在不行动，可能会损失惨重"的紧迫感。

为了冷静行事，你需要了解自己这种对损失的反应，并有意识地抑制冲动。越是急躁，越是应该静下心来做决定，而不是草率决定。患得患失、冲动行事更有可能导致更大的损失。

**不内耗的
简单思考术**　　担心眼前的损失是最危险的。不要匆忙做决定，建议暂时放慢节奏，休息片刻。

10

记忆与判断力

与详细记忆相比，"粗略"记忆更利于决策

记忆容量限制
灵活思考
经验抽象化

多伦多大学　理查兹

人的一生中，总会有不得不做出艰难决定的时候，无论是在工作上还是在私人生活中。

在这种时候，有些人能够迅速做出决定，而有些人却难以做出决定。这两者为何有此区别？

研究表明，我们的记忆方式可能是其中一个影响因素。

根据多伦多大学理查兹等人的研究，**当细节被遗忘或只是大概被记住时，人们的决策速度要比详细记住所有细节时快。**

这是因为大脑的容量是有限的。

大脑的容量最好用来做更重要的决策，而记住细节则会占用大脑容量，妨碍灵活思考。

同样的原理也可以在第6节中看到，我们说过信息越少，越能做出更好的决定。

大脑结构严谨，即使我们不记得细节，也能大致回忆起当时的情景，并能对经验进行抽象。

换句话说，**通过积累类似的经验，你可以将它们模式化或规范化，并自然而然地确定事情的轻重缓急。**

和学习一样，要避免过度思考，有一个小技巧，那就是不要硬背知识，而是要区分优先级，通过"关键点"来帮助记忆。

不内耗的简单思考术 **养成"大致这样"的记忆习惯，而不是详细记忆所有内容，会让你的思考更有效率。**

杏仁核
背外侧前额叶
背叛的选择

11

本能与思考

重视思考会妨碍我们
采取"利他行为"

利他本能
社会上成功者的焦虑
善意的回报

玉川大学　坂上等人

有些人试图垄断利益，而有些人倾向分享利益。更简单地说，按损益行事的人和不计得失的人是有区别的。

这一差异会影响人们对事物的判断，但这种差异究竟是由基因还是性格造成的呢？玉川大学的坂上等人在一项实验中明确了这两类人的大脑差异。

该实验利用了一个交换金钱的游戏。

在这个游戏中，研究者设定了"可以获得的奖金（报酬）"，并将参与者随机配对。

游戏者有两个选择："合作"或"不合作"。如果选择"合作"，游戏者的报酬将被扣掉一部分。同时，对方玩家将获得被扣除金额的两倍（即游戏者从自己的报酬中扣除100日元，使另一名玩家获得200日元）。相反，如果选择"不合作"，报酬则不会减少。

在这个游戏中，一方玩家先决定是否与对方玩家合作。然后，对方玩家被告知其选择后，可以决定是否与其合作。

这个游戏的有趣之处在于，如果A先选择"合作"，B可以选择"合作"，也可以选择"不合作"（背叛）。

举例来说，如果A和B都选择"合作"，那么两人将各获得100日元。

然而，如果A选择"合作"，而B选择"不合作"（背叛），则A会损失100日元，B却会获得200日元。

换言之，游戏者如果选择"合作"，就会暂时失去金钱，但如果始终选择与其他人"合作"，那么所有人"获得的奖金"都可以增加。不过，**为了更有效地增加金钱数额，最好还是主动背叛。**

研究者观察了该游戏参与者的大脑活动。

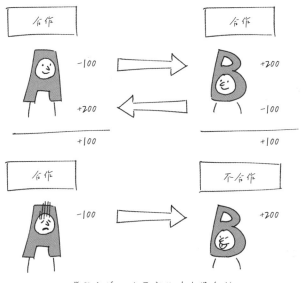

背叛的话，会更高效地获得金钱

研究者观察了两个部位的活动，一个是大脑新皮质的一部分，称为"背外侧前额叶"，另一个是大脑边缘系统的一部分，称为"杏仁核"。

大脑新皮质是负责理性的新大脑。它具有冷静、合理地感知的功能，可以称为"思维脑"。

然而，包括杏仁核在内的大脑边缘系统是一种原始结构，许多生物都拥有这一结构。它主管情绪、欲望等，也就是所谓的"本能"。

这项实验通过比较这两者，了解了利他心理是如何由大脑的活动产生的。

结果显示，那些选择"优先考虑自身利益（＝不合作）"的人的背外侧前额叶（思维脑）比杏仁核（本能脑）更大，并且在他们做出选择时，背外侧前额叶也更为活跃。

然而，"合作的人"则恰恰相反，他们的杏仁核更大，在他们做出选择时也更活跃。

这说明，把自己的利益放在首位的人更注重理性思考，而合作的人则更容易凭直觉进行选择。更简单地说，**不用大脑思考的人更善于合作。**

大脑的活动会随着日常生活、习惯等的变化而变化，越活跃的部位就越发达。

在日常生活中经常注意损益的人，其"思维脑"可能更加活跃。

这种思维可能在工作中是必要的，但如果你有这种倾向，不妨在生活中尝试一下不计得失的社交。偶尔试着做做志愿者也是个不错的主意。

如果你注重盈亏，就会过分担心亏损的风险。

例如，世界上的富人最害怕的事情之一就是"失去金钱"。他们已经积累了巨额财富，已经一生无忧了！但是，他们仍然会为"可能失去这些财富"而焦虑。

这就是为什么他们急于增加财富，而在失去财富时又感到无比恐惧。这种焦虑让人很难感受到幸福就在身边，这是老生常谈的话题。

思考固然重要，但如果囿于思维方式，就会让自己的人生受限。

俗话说，"好心有好报"。

社会心理学中的"互惠原则"也表明，人们倾向于回报那些善待他们的人。

人不是独自生活的。正如夏目漱石的《草枕》开篇所言："用知识做事，就会钻牛角尖。"过于理性会造成人际之间的摩擦。在人际交往中，请尽量在"思考"与"不思考"之间找到平衡。

**不内耗的
简单思考术**

损益是思考的产物，而利他则是本能的体现。只有找到了两者之间的平衡，我们才能拥有更多的人生选择。

第**3**章

摆脱焦虑状态，恢复
"冷静"

12

负面偏好

为什么新闻总是报道负面的消息

制造社会氛围的内容
舆论的形成
恢复冷静

密歇根大学安娜堡分校　索罗卡等人

这个世界充满了悲观和负面的新闻。你可能会希望偶尔来点积极向上的新闻，但这一现象似乎是受人类的心理偏好影响的。

密歇根大学安娜堡分校的索罗卡及其同事在全球17个国家进行了一项实验。

实验要求参与者在电脑上观看BBC新闻，并收集了他们在观看时的皮肤电反应和脉搏数据。

结果显示，**新闻越悲观，观看者的生理反应就越强烈**。虽然存在个体差异，但研究认为总体趋势是人们更关注负面新闻。

俄亥俄州立大学的伊东等人也做过相关研究，他们报告说，人脑倾向于关注并优先处理负面信息。

这种对负面事物的认知倾向被称为"负面偏好"。也就是说，**越是负面的信息，就越能引起人们的注意，也就越容易激活人的大脑**。

这种功能之所以存在，是因为作为生物，优先处理负面信息有助于我们避开危险，增加生存机会。

从这些研究结果来看，之所以网上和电视上每天都有那么多负面新闻，可能是因为人们对负面新闻的反应更大（媒体能获得更高的收视率和页面浏览量）。

对于报道者和制作新闻的人来说，反响越大，收益就越大，所以他们会刻意把更容易引起反响的信息做得更显眼。

此外，看到新闻的人也会发表意见，这些意见会组成"舆论"，然后成为社会氛围的一部分。

这种倾向在全世界都存在，每当发生重大事件时，"不恰当"和"自我克制"的情绪就会弥漫开来，这很可能就是这种负面偏好造成的。这种偏好对人类来说也是必要的，但当压力很大时，它会以更消极的方式发挥作用。

如果你在看新闻时感到压抑或不舒服，请远离媒体。

作为替代，可以考虑将时间用于学习，或者鼓起勇气开始做那些之前一直想"总有一天会做"的事情。请尝试转换不同的活动。

然后，经过一段时间主动保持距离后，大脑也能恢复冷静，你也能重新思考："咦？有必要那么担忧吗？"

在第3章中，我们将探讨该如何应对这种焦虑和负面情绪，以及如何恢复冷静。

**不内耗的
简单思考术** **当感觉不悦时，试着远离负面信息一段时间。**

13

情绪系统

带着烦躁情绪思考，会越想越烦

8小时
攻击性
加重焦虑

密歇根大学　布什曼等人

你最近是否感到过烦躁？

尽管这样问了，但日常生活中还是希望你尽量少去想烦躁的事情。

这是因为研究表明，**如果你开始思考令你烦躁的事情，就会引起烦躁的连锁反应。**

密歇根大学的布什曼及其同事进行了一项关于愤怒的研究。

研究包括三个阶段，第一个阶段将参与者分成两组，并要求他们完成一项任务。

①思考令人烦躁事情的小组。

②不思考（即思考其他无关的事情）小组。

与思考其他无关事情的组相比，组①的参与者对同伴更具攻击性。他们会说难听的话，批评那些笨手笨脚的人。只有在组①中观察到了这种倾向。

思考烦心事会使人变得有攻击性

在第一阶段的基础上，研究的第二阶段对更多的参与者进行了同样的实验。结果还是一样：那些思考烦心事的人表现出一种在小事上"发泄"的倾向。

然后是第三阶段。这个实验与前两个实验的不同之处在于，思考烦心事的人被要求思考烦心事长达8小时。

在这三个实验中，思考烦心事的人都会在稍有不愉快的事情发生时攻击他人。

换句话说，烦躁会导致恼怒。如果经历了不喜欢或让你不舒服的事情，你就会变得更具攻击性。

焦虑也会导致愤怒情绪。当你发现自己在想一些已经过去了的事情时，不妨养成转换注意力的习惯，把注意力转移到其他事情上，比如开始做一件完全与此事无关的事情。

无论如何，要把注意力从恼怒情绪上转移开。这是首要任务。

**不内耗的
简单思考术**

如果将负面情绪释放出来，这些情绪可能会被放大。

肾上腺素
前额叶的运作
3次深呼吸

14

冷静思考

当情绪不稳定时，
试着数到"10"
来调整心情

喝水
操作性条件反射
大脑模式化

西北大学　芬克尔等人

如上一节所述，愤怒会让我们在日常生活中做出错误的决定，并可能成为各种麻烦的根源。

各种研究表明，发泄愤怒和烦躁（如大喊大叫或打人等）会导致迁怒行为，并引发更多负面情绪。因此，不生气对你更有利。

那么，究竟怎样才能避免生气呢？

在心里慢慢数到"10"。此时，只专注于数1、2、3……

美国西北大学的芬克尔等人的研究表明，这种方法能有效缓解愤怒。

目前，脑科学在了解愤怒情绪的产生机制方面取得了很大进展。

当我们经历令人愤怒的事情时，大脑会释放肾上腺素和去甲肾上腺素等神经递质。正是这些神经递质导致我们面红耳赤、血压升高、心跳加速。

但是，大脑也有能力抑制这种愤怒。这主要归功于前额叶，它可以用冷静的思考来抑制情绪的爆发。

但是它不会在情绪出现后立即开始工作。一般认为，情绪爆发后前额叶需要4~6秒的时间才会开始工作。

相反，**如果你能熬过最初的4~6秒，你就能冷静地看待事情，而不会被情绪冲昏头脑。**这种应对策略不仅限于愤怒，也适用于恐惧和嫉妒等负面情绪。

当你感到心情沉重时，不要专注于自己的情绪，可以试着呼出一口气，慢慢数到10。

在西方小学教育中，当学生情绪激动时，老师可能会要求他们做3次深呼吸。这种方法可以将注意力引导到呼吸上，以达到让时间流逝的目的。

动作本身可以是"数到10""深呼吸3次""喝水"或任何你感觉合适的，但建议事先确定动作，并始终以相同的方式进行。

此处利用的是"操作性条件反射"，它是指在相同条件下重复相同行为，会使大脑形成一种固定模式。

换句话说，建立"当情绪不稳定时就数到10=可以冷静下来"这样一个系统，可以让你更有效地控制情绪。这与运动员在比赛时使用例行性动作的原理是一样的。

**不内耗的
简单思考术**　　**在处理负面情绪时，利用例行性动作让时间流逝。**

别被卷入情绪中
表情实验
激活枕叶

15

理性思考

当被迁怒时，尝试"重新理解"事实

寻找理由
积极的解释角度
幽默

斯坦福大学　布雷切尔特等人

前文已经介绍过如何处理负面情绪，但在某些时候和某些情况下，处理起来仍会很困难。

例如，当你的家人等亲近的人心情不好时，或者当你的上司或客户在工作中无理迁怒于你时，你该怎么办？要做到不为所动、不动声色并非易事。

当别人的强烈情绪迎面而来时，你该怎么办？下面是斯坦福大学布雷切尔特等人进行的一项实验。

在这个实验中，参与者被分为三组，分别观看不同的人类面部表情。

①观看正常面部表情的小组。

②观看愤怒表情的小组。

③观看愤怒表情并思考其原因的小组。

研究者对这三组参与者的大脑活动进行了比较。

结果显示，反应最消极的一组是组②。愤怒的面部表情诱发了人们的负面情绪。

此外，在组①中没有观察到负面反应。令人惊讶的是组③。第三组，即"观看愤怒表情并思考其原因的小组"，也没有出现负面反应，其反应与第一组，即"观看正常面部表情的小组"相当。

究竟发生了什么？

组③是在接受了对人们的愤怒原因进行思考的训练后进入这个实验的，例如，"一定是在工作时老板对他发火了"。

换句话说，他们接受了重新审视事实真相的训练，学会了思考"自己被愤怒情绪攻击，不是自己的错，而是别人的错"。

研究者观察了产生负面反应时的大脑活动，发现后脑勺（枕叶）的活动更为活跃。组②的所有参与者在看到愤怒表情时，这一部位的活动都很活跃。

然而，当组③的参与者在重新理解愤怒时，枕叶很平静，相反，他们头前部的"前额叶"很活跃。

这一点很重要。

前额叶是人类进化过程中产生的"新大脑"。换句话说，它是实现"逻辑思考"的地方。如果你只是接受了自己生气的事实，你的情绪（枕叶）就会受到刺激，但如果你理性地反思"还有其他真正的原因"，大脑中与情绪产生相关的脑区就会受到抑制，你就不会再有负面反应。用新的大脑思考，就能阻止旧的大脑思考。

有人说，一切都取决于你如何看待它，这与事实相差无几。

人们的愤怒总是有原因的，例如，当事情不顺心时，人们会产生焦虑或恐惧，从而产生愤怒情绪。在大多数情况下，都是愤怒者自己的问题。

因此，如果你受到了别人无意的迁怒，请试着进行重新审视。

"他妻子离家出走了吧……"

"他昨天在酒吧被骗了吧……"

"他因为股市崩盘损失惨重吧……"

这些想法并非必须是事实，但无论如何都要想出一些对方愤怒的原因。（幽默的理由可能会使你的解释角度更积极。）

以这种方式训练你的前额叶，会让你更不易陷入别人的负面情绪中。

**不内耗的
简单思考术**　　寻找理由的训练能让你的前额叶更有效地工作，让你拥有保持冷静的能力。

语言化的精度
理性控制
洞察词

16

大脑的边缘系统和新皮质

写出情绪，可以缓解焦虑

芝加哥大学
降低压力的测试
思考并分析

南卫理公会大学　佩内贝克等人

人们常说把愿望和烦恼"写出来就会变好"。有些人可能会觉得这是毫无根据的唯心主义，但实际上这是认知行为疗法中也会用到的一种方法。研究表明它非常有效，尤其是用于减轻焦虑时。

芝加哥大学的拉米雷斯和贝洛克于2011年在《科学》杂志上发表了一项研究。

这项研究以大学生为测试对象，首先让他们进行"预备测试"，然后再让他们参加"正式测试"。在正式测试中，学生们经历了一些会产生压力和焦虑的情境。

除测试的难度增加之外，在正式测试前，学生们还被告知，他们的分数越高，获得的报酬就越多。此外，他们参加测试的过程会被录制下来，随后他们将和老师一起观看。

在这种情况下，参加测试的学生们被分为三组，并被要求在测试前的10分钟内做出不同的行为。

①安静地坐着，在这段时间里什么也不做的小组。

②写下对测试的感受和想法的小组。

③写下与当前感受无关的事情的小组。

然后进行正式测试，将各组的正确率与预备测试的结果进行比较。

结果显示，组①和组③的正确率比预备测试低7%，而组②的正确率则提高了4%。

在高中、大学的入学考试和资格考试中，一两个问题的差别就可能决定通过与否，因而此实验中的正确率差别可谓十分巨大。

那么，为什么写下感受和想法会带来更好的结果呢？

正如我们前文提到的，负面情绪是由大脑边缘系统产生的。而抑制这些情绪的是被称为"思维脑"的大脑新皮质。控制情绪的关键在于使新皮质良好地工作。

写下焦虑的感受和想法是一个"思考和分析"的过程。在分析时，新皮质（尤其是前额叶）能够充分运作。换句话说，写下焦虑情绪的小组能够通过分析自己的想法来激活自己的前额叶，从而恢复冷静。

还有其他相关研究。得克萨斯州南卫理公会大学的佩内贝克及其同事对写作引起的情绪变化进行了实验。

他们将参与者分为两组，要求他们每天坚持写作。

①每天写自己的负面情绪体验的小组。

②写房间的状况等客观事实，而不是写自己的情绪体验的小组。

研究结果表明，在连续4天，每天写15分钟负面情绪体验后，参与者的负面情绪会暂时增强，但从长远来看，他们的情绪会变得更加积极。

而且，实验4个月后，研究者将写下自己感受的小组与写下自己房间状况的小组进行比较，发现前者的心情和情绪都有所改善，身体不适的天数和去保健中心的次数甚至也减少了。

写下信息的关键是使用"洞察词"。

洞察词是与思考和理解有关的词语，如"认为、感觉、理解"等。事实证明，人们使用这些词语越多，负面情绪就越少。

这类似于在考试前写下自己的焦虑，总而言之，重要的是深入地探索并写下自己的想法和感受。

如果你能像记日记一样养成这样做的习惯，那么你的语言表达就会越来越准确，这会使你能更有效地控制情绪。

有些人在晚上临睡前写下负面情绪后，可能会一直耿耿于怀，如果你也是这样，那么建议你在白天或洗澡前尝试。

**不内耗的
简单思考术** **情绪可以通过客观分析来平复（分析时，使用洞察词，如认为、感觉等）。**

1天3分钟
应对成瘾
客观地重新审视

17

止住欲望

感到冲动涌上时，30秒的"轻拍"可以帮助自己冷静下来

暴饮暴食
五分之一的渴望
俄罗斯方块

纽约市圣路加医院　韦尔等人

当压力积聚时，人们会产生各种冲动。

例如："非常想吃甜食！"或者"我想吃垃圾食品！"你有过这样的渴望吗？纽约市圣路加医院的韦尔等人称，有一种简单的方法可以控制这种生理冲动。

这种方法叫作"轻拍"。

"轻拍"是用五根手指轻轻敲击的动作。研究表明，"轻拍"额头30秒可以将暴饮暴食的冲动减少一半。

轻拍耳朵或者轻拍墙壁是一种能有效缓解冲动的方法。研究表明，这样做可以将冲动降至原来的三分之二。这表明分散注意力和拖延时间可以帮助我们恢复理性。

普利茅斯大学的什科尔卡·布朗等人也发表了类似的研究。

轻拍可以有效地抑制冲动

在这项实验中，参与者被要求在1周内每天至少用智能手机玩3分钟"俄罗斯方块"。结果发现，他们对食物、酒精、香烟、性、药品，以及出门消遣的冲动性渴望被抑制到了原来的五分之一。

而且，参与者平均每周玩40多次游戏，抑制效果可以持续。

俄罗斯方块被认为是一种难度适中，能将注意力集中于思维和视觉的益智类游戏。

大多数冲动行为，如暴饮暴食、对瘾品成瘾和沉迷游戏，都是后天养成的习惯（坏习惯）。

当你觉得自己即将养成一个不好的习惯时，请试着像前文介绍的那样轻拍，或者用智能手机上的应用程序玩俄罗斯方块。

其实，当我无所事事时，也有吃甜食的习惯。我试过轻拍和玩俄罗斯方块，这两种方法确实有效。

通过拖延时间，"无意识地行动"变成了"意识到了再行动"，这样我们可以理性地思考："你确定要这样做吗？""这有多少卡路里？"这也有助于我们重新审视自己的客观习惯。

当你感到情绪低落、沮丧时，轻拍还有助于平息情绪波动。大家在遇到负面情绪时，不妨尝试一下这种方法。

**不内耗的
简单思考术**　**控制冲动的渴望！将坏习惯转化为"好行为"。**

点赞
登录频率
积极化

18
与信息保持适当的距离

不使用社交媒体，可以提高幸福感

社交媒体疲劳
一周后的满足感
以浏览为主的用户的压力

哥本哈根大学　　特罗姆霍尔特

你在日常生活中使用社交媒体吗？虽然现在任何人都可以利用社交媒体自由传递信息，但"社交媒体疲劳"一词却应运而生。

对于这种情况，丹麦哥本哈根大学的特罗姆霍尔特于2015年针对"脸书"这一主题进行了一项有趣的实验。

该实验找了1095名拥有脸书账户的人作为参与者，参与者被分为两组：

①持续使用脸书的小组。

②不使用脸书的小组。

一周后，他们报告了自己的生活满意度。

在实验中，参与者被问及日常使用脸书的情况（如是否经常发帖、是否以浏览为主、登录频率等），研究者还对他们的生活满意程度以及情绪状态进行了问卷调查。

一周后，结果显示：组②对自己的生活和人生更加满意，他们的情绪也更加积极。

这一趋势在那些"以浏览为主"的脸书用户中尤为明显。进一步分析发现，在重度用户（那些登录次数较多、停留时间较长的用户）和那些羡慕他人帖子的用户中，这一趋势更为明显。

正如我们在前文中提到的，人是具有"社会比较"特性的动物。换句话说，人们会试图通过观察周围的环境来明确自己所处的位置。

越是拥有这种能力的人，使用社交媒体的频率越高，就越有可能过度比较，从而招致情绪困扰和疲惫。

例如，过于关心自己帖子的点赞数或与他人进行攀比的人，可能需要格外小心。

如果你认为自己有这种倾向，不妨减少访问频率，或者像这个实验一样，在一段时间内停止登录。

我身边的一些人已经退出了社交媒体，我经常听到"不用社交媒体后，我感觉好多了""我意识到我在社交媒体上花了很多时间"这样的感想。

我们之所以忧虑和过度思考，是因为获得的信息量过大。当你心烦意乱或疲惫不堪时，建议限制信息获取。

**不内耗的
简单思考术**　　**疲倦时，可以尝试"限制浏览社交媒体的时间"或"暂停使用社交媒体"。**

符号、表情符号、表情包
心理意象的差别
明明别无他意

19

对社交信息的处理

不应"恶意推断信息"

用语言只能传递
信息的30%
非语言信息

梅拉宾法则

在人际交往中，即使不直接争吵，也可能会出现对对方的态度想得太多的情况。

那么，到底应该怎么做呢？思考的关键在于"信息"。

人与人之间的交流也是一种信息交流。不仅是我们说话的内容，对方的表情、看我们的眼神、声音的高低和大小、肢体动作和手势等都是信息，我们就是通过这些信息进行交流的。

虽然不同理论提出的比例有所不同，但以最著名的"梅拉宾法则"为例，据说只有30%的信息是通过语言传递的。

即使是同样的"谢谢"一词，一个面带微笑说"谢谢"的人和一个在做其他事时毫无感情地说"谢谢"的人，这两者给人的印象会完全不同。

语言固然重要，但语言之外的"非语言信息"在沟通中也非常重要。

以电子邮件和社交媒体为例。在基于文本的交流中，上述非语言信息会被完全省略。

这意味着，如果不注意表达方式，就很容易产生误解。"！""？"等符号、表情符号和表情包是补充非语言信息的工具，如果没有这些工具，语言很容易显得生硬或冷漠。

在了解了这些关于沟通的基础知识后，请想象一下你是收信人，你会如何接收信息。

在日常生活中，你可能会觉得某人的微妙态度（如说话的方式）或电子邮件往来"有点冷淡"或"粗鲁"。

　　然而，大多数人都不喜欢与人争吵或挑衅他人。换句话说，在很多情况下，对方并没有其他意图。

　　冷漠或看似冷嘲热讽的态度背后，不过是一种"我无暇顾及"或"我太忙了"的情况，并没有什么特别的用意。

　　然而，有些人可能**会根据不充分的信息做出歪曲的推断，认为"我被攻击了"或"对方很冷漠，他一定生气了"。这样就很容易产生误解！**

　　基于这种歪曲推断与人打交道是不好的。人的心理有一种"还击"机制：如果我们以恶意待人，以带刺的方式与人交流，对方也会以同样的方式对待我们。

　　最重要的是，这种互动会让我们的想法变得消极，导致我们过度思考。

　　虽然很难完全不被影响，但希望你能避免过度敏感，不要歪曲推断。

　　如果你无法克制这份焦躁不安，请尝试第15节介绍的"重新理解事实"，这个方法非常有效。

**不内耗的
简单思考术**

不要单方面曲解言外之意。如果你友好地对待别人，别人也会友好地对待你。

第4章

最大程度地集中
注意力

不可能永远持续下去
豆子的香气
咖啡店效应

20

最理想的工作空间

周围环境嘈杂时，生产力更高

能集中注意力的空间是……
大脑疲劳
大脑专注于一件事……

伊利诺伊大学　梅塔等人

当你思考、埋头工作或学习时，你是否想过："我需要一个人在安静的空间里集中精力！"

一般来说，人们更喜欢在安静的空间里工作或学习。

然而，伊利诺伊大学的梅塔及其同事报告了一项令人惊讶的研究。

梅塔等人进行了五项实验，以找出在以下哪种环境中工作最能提高工作表现。

①低噪声水平（50分贝）——与安静办公室的噪声水平差不多。

②中等噪声水平（70分贝）——与高速公路上汽车内的噪声水平差不多。

③高噪声水平（85分贝）——相当于救护车鸣笛的水平。

结果显示，创造力得分最高的是环境②，噪声水平为70分贝。有研究指出，环境③的85分贝会干扰思考。

这意味着，**略微嘈杂的环境更有利于大脑工作**。这对于思考"抽象事物"，如考虑演讲内容、编写报告、提出新想法或制定战略尤其有利。

大脑喜欢新刺激。反过来说，**在相同的空间和相同的任务中，大脑很快就会感到疲劳。它不擅长始终专注于一件事**。

在这方面，我推荐的工作环境是"不太安静的咖啡馆"。

原因有三。第一个原因，正如我们刚才提到的，如果有一定的噪声，如人声或端盘子的声音，工作效率会更高。这就是所谓的"咖啡店效应"。

第二个原因是香气。

首尔大学的徐研究员通过研究表明，"咖啡豆的香气具有使被活性氧破坏的脑细胞恢复的作用"。活性氧是一种会导致睡眠不足和疲劳的物质。

在这项实验中，研究者对睡眠不足的小鼠的大脑进行了检查。在这种状态下，小鼠脑中能够抑制压力的细胞很少，但当小鼠闻到咖啡豆的香味时，部分脑细胞恢复了活力。

换句话说，咖啡豆的香气可以起到缓解疲劳和抑制压力的作用。我们也的确能感觉到，咖啡豆的香气具有刺激作用，会让人头脑清醒。

第三个原因是，它可以通过"程序化"来改变你的心态。

如果你坚持每天都去某家咖啡馆，并在那里完成你的工作，你就能建立一种条件反射系统，在这个系统中，"去咖啡馆"="大脑创造性地工作"。此后，只要去咖啡馆，你就能集中精力（启动你的动力开关）。

当然，在家里也可以这样做。

你可以准备一个"工作区"，建立一个系统，使自己只要坐在这张桌子前，大脑就会充满创造力。音乐、收音机、家人的声音和外界的噪声都可以在你工作时刺激你的大脑，如果你家里有咖啡（只有咖啡豆也可以，因为重要的是香味），你也可以创造一个类似于咖啡馆的环境。

无论如何，不要执着于"只有在安静的地方才能集中精力"，放轻松，想想其实有点噪声更好。你可能会比以前表现得更好。

在本章中，我们将深入探讨与注意力和工作效率有关的研究。

不内耗的简单思考术

实际上，不过于紧张地考虑"如何集中"，反而更容易集中注意力。

无意识状态的多任务处理
边走边……

21

有意识和无意识

想持续保持注意力，可以做一些与工作"无关的动作"

边涂鸦边……
记忆力提升
认知负荷理论

普利茅斯大学　安德拉德等人

当你和某人说话的时候，对方却在笔记本上涂鸦，你会怎么想？你会觉得自己好像被对方轻视了，心生不快吧。

然而，英国普利茅斯大学的安德拉德研究团队，发表了一个让人感到意外的实验结果：一边涂鸦一边工作能增强记忆力。

这个实验让参与者们听磁带并记住磁带播放的内容。参与者被分为以下两组：

①一边描摹（像涂鸦那样）图形一边听磁带的小组。

②什么也不做，默默听磁带的小组。

实验结果表明：**组①比组②记住的内容多30%左右。**

一般来说，大家可能会觉得集中注意力在一件事上有利于让大脑保持高速运行。

但是，**实际上大脑无法长时间集中注意力。大脑只能在一定时间内集中注意力，达到注意力极限后就会停止处理信息。**

因此，专注工作的时间越长，注意力越容易分散，大脑越容易感到厌倦，注意力就会转移到别的事物上（心理学家将这种现象称为脑的"认知负荷理论"）。

涂鸦可以活动手部，刺激大脑，反而能分散大脑的能量分布，使得注意力能长时间维持。

其实，大脑在"无意识"的情况下擅长同时处理多件事。正如在讲解大脑默认模式网络的原理时所说的，比起能量集中在一点，能量分散在各处能使大脑保持高速运行。

可是，**大脑不擅长在"有意识"的情况下处理多重任务，**

这种情况下，注意力会大幅度下降。

如果不是涂鸦，而是画像漫画这样复杂的画，或者是做难度很大的计算题，那么认知负荷就会太重，你就会听不进别人在说什么。大脑基本上不可能同时处理多项需要有意识处理的任务。

我们可以把这一点应用到日常生活中。事实证明，如果把精力分散开，比如在记忆的同时倒着走或大声说出来，而不是静静地坐在书桌前，记忆效率会更高。

无论如何，关键是要增加"不需刻意思考的行为"。人不可能长时间专注于一件事。

因此，休息一下，磨磨蹭蹭，制造无意识状态是有必要的，这样才能避免把精力集中在一个地方。与其长时间苦思冥想，不如适度思考。

**不内耗的
简单思考术**　**在思考时，适当地加入一些不需要动脑的行为，有助于提高效率。**

22

提速

提高思考效率的秘诀是模仿"自己喜欢的人"

模仿行为与表现
好感
趣味相投

南丹麦大学　安德丽丝等人

无论是工作还是业余爱好，进展不顺都会给人带来压力。有时还会导致抑郁、焦虑和烦躁。

那么，如何才能把事情做好呢？

秘诀就是"模仿"。自古以来，无论武术、知识还是艺术的习得，都始于向擅长的人学习如何做，然后模仿（复制）开始的。

不过，模仿似乎也有窍门。南丹麦大学的安德丽丝及其同事调查了14000人，研究了模仿和决策表现之间的关系。例如，在决定看哪部电影时，他们会参考周围哪些人提供的信息。

①模仿与自己喜好相似的某个人。

②模仿大多数人的选择。

③模仿喜好相似的人的平均意见。

④模仿身边与自己喜好相近的人的平均意见。

⑤参考许多喜好相似的人的意见做出决定。

⑥看到喜好相似的人所选择的一些选项，并根据自己的喜好从中做出选择。

⑦看到依据随机选取的人的喜好所反映的内容做出的喜好预测。

结果显示，①"模仿喜好相似的人"的参与者决策表现最好（不过，当没有喜好相似的人时，模仿大多数人的选择也能做出优秀决策）。

我们确实也听说过一些著名音乐家的故事，在刚开始创作时，他们也都是从模仿被自己视为"神"的音乐家开始的。

最好是模仿那些与你喜好相近、你喜欢的人，这样你可能会从中获益更多。

有些人可能认为模仿是不好的，但其实模仿意味着吸收事物的基本信息和要点，并以新的表达方式加以呈现。

如果你不了解每项任务的要点和意义，你的进步就会很慢，也可能导致尽管你付出了很多努力，但最终还是做了一些"愚蠢"的事情。

此外，有报道称，这种"模仿喜欢的人"的做法不仅有助于提高你的能力，还能让你更快地做出决策。

上文提到的安德丽丝等人的另一项研究发现，在决定事情时，**"越优秀的人越能迅速找到与自己喜好相似的人，并根据他们的意见迅速做出决定"**。相对的，他们发现那些不那么优秀的人往往会根据公众的平均意见做出决定。

这样说来，在我的印象中，凡是工作出色的人，都有行业内的资深前辈和不同领域值得信赖的专业人士作为朋友。无论自觉还是不自觉，他们都找到了良师益友和榜样。如此，当遇到疑问时，他们就可以听取信赖之人的意见，从而更快地做出决定，并持续采取积极行动。

在生活中也是如此，我在餐厅评论网站上关注了几个符合我饮食喜好的人（评论员）。我发现他们的意见对我很有帮助，尤其是在选择一家我从未去过的餐厅时。当我真正去了那家餐厅时，我会感到我们的口味和兴趣果真很相似。

当然，这不仅限于食物，音乐、电影等也是如此。通过第三方的意见，你可以更清晰、更客观地了解自己的喜好。借助他人的建议，你将能做出更有效的决定，也更容易尝试新事物。

当你遇到困难时，请试着模仿自己喜欢的东西和喜欢的人。这样，你会发现以前没有发现的新方法和新视角。

**不内耗的
简单思考术** 　**通过有效地模仿，你将会减少迷茫犹豫的
时间。**

23

正念的科学

每天花10秒，
专注于呼吸

内脏器官压迫与植物神经系统
成果可视化
使人坚持下去的成就感

加利福尼亚大学　齐格勒等人

冥想和正念在美国蓬勃发展，二者虽然具体做法不同，但总体思路都是"专注于呼吸，不去想其他任何事情"。

研究表明，冥想是一种能有效防止过度思考的方法。

加利福尼亚大学的齐格勒及其同事制作了一款用于冥想的智能手机应用程序，并进行了一项实验，要求年龄在18～35岁的参与者进行为期6周的冥想练习。

参与者先观看一段关于冥想方法的视频，然后集中注意力，进行深呼吸，每次10～15秒。然后，研究者收集了他们的注意力集中时间等数据。这项活动耗费的时间很短，6周总计只有20～30分钟。

然而，即使是这么短时间的冥想，也使参与者的注意力得到了提高，使他们的大脑的工作记忆容量得到了增强。他们与注意力高度相关的脑电波也发生了积极变化。

如今，人们花大量时间看电脑和智能手机等设备，若不注意保持良好的姿势，很容易出现含胸驼背的情况。

这种姿势会导致身体收缩，内脏器官受到压迫。这还会导致呼吸变浅，一些专家指出，这会引发植物神经失调和其他身体问题。

哪怕每天只花一点时间关注呼吸，也有助于改善浅呼吸，革新意识，改变心情。

还需要注意的是，在这个实验中，并不仅是冥想本身起了效果，通过使用应用程序让训练效果可视化也很重要。成功经验的积累会刺激大脑的奖赏系统，激励参与者继续下去。从这个意义上说，通过使用应用程序，养成检查自己工作的习惯也是一个非常好的策略。

**不内耗的
简单思考术**　　即使是花费时间不多的习惯，如果能够持续看到成果，也能获得积极的效果。

24

活在当下的理由

沉浸在回忆中会
导致大脑老化

记忆障碍的机制
Tau蛋白
回忆频率降低

日本理化学研究所　木村等人

正如人们所说，人老了就会健忘。人们通常认为这是不可避免的，但也许可以通过日常习惯来预防。

在对小鼠的实验中，日本理化学研究所的木村和同事们发现，在长时间回忆过去的过程中，Tau蛋白会在大脑储存记忆时不断积累。这种Tau蛋白积聚在大脑中会导致记忆障碍。

这意味着，**你沉浸在过去记忆中的时间越长、次数越多，你的大脑就越容易衰老。**

到目前为止，人们已经知道Tau蛋白的积累量会随着年龄的增长而增加，但对其原因却不甚了解。这项实验让人们相信，年龄越大，经历越多，回忆过去的机会也就越多，这可能会增加Tau蛋白的积累量。

偶尔和老朋友聚聚，回忆一下美好时光也许是件好事，但总是想着过去，会对身心产生负面影响。

当我们处于高度焦虑或缺乏自信的状态时，我们可能会通过回想过去的事情来重拾信心。例如，回想学生时代的社团活动，或是工作中的传奇故事。有些人能把10年前或20年前的故事讲述得绘声绘色，仿佛就发生在昨天一样。

回想过去的事会让人振奋起来，让我们觉得："我当时努力克服了，所以这次我也能克服！"但是，如果在回首往事时觉得："当时明明那么好……"再与现在的情况相比，我们会感到巨大的落差，甚至受到打击，这时麻烦就来了。我们可能会变得难以承受新的压力和刺激。

虽然不是万事都要尝鲜，但为了保持大脑健康，接受一定程度的新刺激也很重要。新体验、新朋友都可以，偶尔注入新的活力是必要的。

如果你发现自己总是想着过去，或者总是焦虑地模拟"如果发生这种情况怎么办"，那就请尽量少花时间思考，多花时间行动和体验。

新行为对遗忘旧记忆很有效。美国圣母大学的拉德万斯基等人的研究表明，**转换房间有助于遗忘**。

在实验中，他们使用了玩具积木，让被试将积木从一张桌子搬到另一张桌子上，但如果此时房间发生移动，被试"就会更容易忘记自己刚才移动的是什么积木"。

他们认为，这是因为"开门"的新刺激刺激了大脑的短时记忆（工作记忆），覆盖了之前的记忆。

当你在思考重要的事情时，不动似乎更好，换句话说，**新
的动作会导致旧的记忆渐渐被遗忘。**

也就是说，如果你对某件事情有一点厌烦，只要活动起
来，就会忘记它。

长时记忆也是如此，剑桥大学安德森等人的研究表明，学
习新事物会导致旧记忆的遗忘。

从大脑机制的角度来看也是如此，与其活在过去，不如
活在当下。

**不内耗的
简单思考术** 　**旧记忆可以被新记忆覆盖，所以采取行动至
关重要。**

"脸"和"房子"的实验
年轻、年老
海马体的重播功能

25

记忆的效率化

放空时，大脑会回顾
已经记住的事物

休息片刻
巩固记忆
分散效应

马克斯·普朗克研究所　沙克

普林斯顿大学　尼夫

第5节中提到，当人们在放空的时候，大脑会进入"默认模式网络"，能量会分散到整个大脑，并且激活全脑。

这个理论还是个新理论，很多东西还在研究中，但最近的研究表明，当我们在放空时，负责记忆和判断的海马体会发生积极的变化。

德国马克斯·普朗克研究所的沙克和普林斯顿大学的尼夫联合进行了一项实验。

该实验由两阶段组成。首先，参与者会见到一张由人脸和房子重叠形成的图像，然后，他们需要判断这张图像中的人脸或房子是"年轻/新"还是"年老/旧"。实验总计用时40分钟，中间有5分钟休息时间。

这个实验通过控制参与者判断人脸还是房子的"年轻/新"与"年老/旧"，来操纵大脑对图像的判断模式。

在实验中，如果当前对图像年龄（新老）的判断与前一次

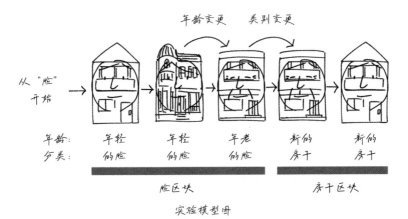

实验模型图

相同，那么要求参与者判断人脸还是房子的年龄（新老）的判断基准就不变，如果对年龄（新老）判断不同，那么就需要改变判断基准，由此组成了实验中的不同类别区块。

例如，一开始参与者判断人脸为"年老"，那么下一次实验仍需判断人脸的年龄，若下次对人脸的年龄判断为"年轻"，那么再下次实验就需要判断房子的新老（这是实验设计中的常用方法，通过排列展示看似无关的内容来防止参与者对特定判断形成习惯）。

这之后是实验的第二阶段。同样的实验在1~4天后进行，通过这次实验，研究者观察了整个实验过程中大脑发生了什么。

实验发现，在测试结束后的5分钟休息时间里，参与者"在海马体中自动回放（重播）他们之前看到的内容"。

换句话说，大脑在我们休息时会自动处理发生过的事情。可以说，这是一种"自动复习功能"。

基于这一结果，我们可以认为，在学习和工作中，适当休息片刻更容易巩固知识，信息处理的效率也会更高。

记忆研究中还有一种理论叫作"分散效应"，在学习时，经过一段时间再复习，比连续不断地记忆更有效率。

约克大学塞佩达等人的一项研究中，采用这种方法进行复习的人考试正确率提高了64%。

短暂休息的关键在于尽量不要进行思考，而是让自己"漫无目的地放空"。最好不要去专注于其他事情，如考虑工作或者玩游戏，这样更有效果。

因此，建议你在休息时悠闲地喝杯茶或咖啡。在喝茶的同时准备一个沙漏，一边泡茶一边看沙子落下。这样，你就会进入"放空"的状态。

**不内耗的
简单思考术**　　**学习时，也应该留出放空的时间！**

第5章

应该保持积极态度的原因

信任
并非社会地位或金钱
幸福感与寿命

26

幸福的条件

通过75年追踪研究发现的增进幸福和健康的方法

爱知医科大学的研究
有积极的朋友
共情能力

哈佛成人发展研究所　韦兰特等人

人们常说"人的烦恼90%来自人际关系"，有一项研究就是围绕这个问题开展的。

这项研究由韦兰特及其同事进行，是哈佛大学成人发展研究的一部分。他们对两组男性（约700人）进行了跟踪调查：一组是哈佛大学毕业的男性，另一组是在波士顿长大的贫困男性。

这项研究的厉害之处在于它的随访期。它调查了参与者75年来的幸福感和影响其幸福感的各种因素。

这项长期研究的结论是：

良好的人际关系能增进我们的幸福和健康。

结果表明，与人们的幸福和健康直接相关的是人际关系，而不是家庭背景、学历、职业、家庭环境、年收入或是否有退休金。

此外，研究还发现，朋友的多少并不重要，重要的是你是否有一个可以真正信任的人。

在人际关系良好的情况下（即你信任的人就在身边），紧张的情绪能得到释放，并使大脑健康得到维护，精神和身体上的痛苦也会得到缓解。而感到孤独的人生病的概率更高，预期寿命更短。

换句话说，并不存在"有钱就幸福"或"有社会地位高的伴侣就幸福"的说法。

接下来介绍一下爱知医科大学松永等人所做的一项相关

实验。

他们让18～25岁的年轻人阅读一个故事，并收集他们的反应数据（唾液中5-羟色胺的含量）。

故事讲述的是虚构的生活事件、人际关系等，参与者可以通过扮演主角来重温这些事件。

生活事件分为"积极""中性"和"消极"三种。人际关系同样有三种模式："积极的朋友""消极的朋友"和"没有朋友"。这些模式的组合因人而异。

结果显示，"积极朋友"的存在最能增强参与者的幸福感。**即使生活中发生了负面事件，拥有开朗快乐的朋友的人也会感到更幸福。**

相对应的，有消极朋友的人比没有朋友的人更不快乐。

人们具有很强的共情能力。研究表明，我们能完全接纳他人的情绪，并与其感同身受。无论对方传递给我们的是快乐的感觉，还是焦虑或愤怒等负面情绪。

这意味着，如果你与积极的人而不是消极的人交往，生活更有可能朝着积极的方向发展。

在现代社会中，人们交友时往往会关注利弊，可能会因为能在人际关系中获利而选择与某人交往，也可能有一些注重虚荣和面子的人际交往。

然而，不合理的人际关系不仅没有意义，还会降低你的幸福感。

因此，要和积极的朋友在一起，并且自己也要努力做到积极向上，从而创造高幸福感的人际关系，而不要过分考虑其他事情。

从本文开头提到的研究结果来看，人生没有最后的赢家或输家。财产、爱情、头衔和地位只是能让人暂时远离焦虑的东西，并不能从根本上解决问题。

第5章将探讨的是"积极态度"及其益处。

**不内耗的
简单思考术**

**人际关系对幸福的影响最大。而积极的态度
对良好的人际关系至关重要。**

思维无法强迫
不评价
用行动改变思想

27

积极思考的本质

试图积极思考反而会
陷入困境

大脑血流
逆火效应
因自我矛盾而沮丧

密歇根州立大学　莫瑟等人

在上一节中我们已经了解，幸福需要的是良好的人际关系，而积极的态度对此至关重要。

那么，积极的态度意味着什么呢？

受源于美国的心理自助热潮影响，"积极思考"在全世界被普遍认为是重要的。

当然，积极看待事物往往比消极看待事物更合理，但这并不一定意味着"积极思考"就一定更好。

密歇根州立大学的莫瑟及其同事发表的一项研究表明，**"对消极的人说积极的话会产生相反的效果"**。

在这项实验中，参与者首先要报告自己是"积极思维者"还是"消极思维者"，然后才开始实验。

研究者向他们展示令人震惊的图片，如"一名男子用刀抵住一名妇女的喉咙"，并要求他们尽可能积极地解读这些图片。

研究者观察了参与者此时的大脑血流。

自述思维积极的人的血流没有明显变化。

然而，那些自述思维消极的人的血流变化明显且流速非常快。血流加快是因为人们在想这想那，大脑在高速运转，血流速度越快，就意味着人越慌乱。换句话说，反应越小，血流越慢，头脑就越冷静。

在这种情况下，研究者要求血流速度快的人"更积极地思考"。

结果是**血流不但没有减慢，反而变得更快了**。

这就是所谓的"逆火效应"，即试图纠正某些信息只会强化原始信息的消极性。

当试图把产生的焦虑等消极情绪变成积极情绪时，大脑就会变得混乱和过热。

因此，如果一个人一开始就处于消极状态，那么试图强行变得更加积极就会造成自我矛盾，进而使他意识到自己的消极性。这反过来又会加深消极的想法。

你对一个沮丧受挫的人说"坚持住！"或"振作起来！"都会适得其反，就是因为这种机制正在起作用。

当你处于消极状态时，不要试图改变自己的想法，而是要从承认自己处于消极状态开始。

此时，不要将情况评价为"好"或"坏"。如果你愿意，**可以试着换成第三人称，如实描述自己此时的状态，如"哦，他现在很消极"，**并迅速把想法转向其他方面。莫瑟等人在另一项研究中观察到，当人用第三人称说出自己的想法时，大脑中与情绪有关的部位活动量会急剧减少。

过度关注负面情绪，或强行否定负面情绪，反而是在强调这种情绪。真正积极思考的第一步是客观地认识事态，转移注意力。

从这个意义上说，让态度变得积极，并不是"从思想上让行动变得积极"。而是**先让你的行为变得积极，进而让你的想**

法变得积极。

　　这究竟是什么意思呢？让我们继续看看这个机制。

**不内耗的
简单思考术**　　**用行动改变思想比用思想改变行动更容易。**

28

表情的科学

笑容的压力抑制
效果和情绪改善能力

微笑组
奖赏系统
魅力

堪萨斯大学　克拉夫特和普雷斯曼

当处于高度焦虑状态时，人们的想法和感受往往是消极的。

然而，正如上一节所提到的，试图强行将消极思维转化为积极思维可能会导致自相矛盾，并使人更加消极。

想着"一切都是心态使然！"鼓足劲儿想改变自己的思维方式，是非常难以成功的。

虽然从内心改变思维方式很困难，但是你可以从外部改变。最新的脑科学研究表明，**情绪更多地受身体动作等外部因素的影响，而不是受思想（观念）的影响。**

换句话说，让"积极态度"成为一种习惯，就能使思想和情绪朝着积极的方向发展。

例如，堪萨斯大学的克拉夫特和普雷斯曼对学生进行了一项关于压力和面部表情的实验。

在这个实验中，参与者被分为三组。

①无表情组。

②嘴里含着筷子头，嘴角提升（呈现一个"一"的嘴形）组。

③嘴里横着咬着筷子并保持灿烂的笑容组。

然后请各组参与者感受压力。研究者要求他们将手放入冰水中一分钟，或用非惯用手跟随镜子中的物体移动，同时测量他们的心率，并通过自我报告评估他们的压力水平。

结果显示，与没有笑容的组①相比，组②和组③在任务中感受到的压力较小。特别是笑容灿烂的组③，在完成任务时的心率也较低。

这说明**笑容有抑制压力的作用。笑容越灿烂，效果越明显**。只要保持笑容，大脑就会产生"开心"或"快乐"的错觉。

此外，阿尔斯特大学的布里克等人发表的研究表明，**在运动时微笑会让人忘记运动有多难**。因此，微笑对身体感觉是有影响的。

当你想得太多的时候，就上扬嘴角笑吧。当你在做一件无聊得令人讨厌的事情时，保持嘴角上扬也是一个好主意。

笑容的另一个效果是会影响别人看待你的方式。

加州理工学院的奥德哈蒂等人的研究表明，当人们看到别人的笑容时，大脑的奖赏系统就会被激活。奖赏系统是大脑中负责"愉悦"情绪的结构，也就是说，笑容会让对方感到愉悦。

这对建立积极的人际关系也非常有效。

例如，许多人都有这样的经历，当看到婴儿或小孩露出笑脸时，往往会不自觉地跟着他们一起笑，这也被认为是大脑的奖赏系统通过孩子的微笑发挥了作用。

此外，东北公益文科大学的益子等人的研究表明，笑容越灿烂，人就越有"活力""霸气"和"女人味"。研究结果还显示，人们对笑容灿烂者的"好感度"也会增加。因此，你笑得越灿烂，就越有魅力。

总而言之，微笑是一种在很多方面都对你有益的表情，也是应对焦虑的基本要素之一。

你现在的面部表情如何？在不知不觉中，人们的面部表情会变得相当不友好和冷漠。请试着通过使用面部肌肉来养成保持笑容的习惯。先"微笑"，然后再担心或思考各种事情吧！

**不内耗的
简单思考术** 情绪是可以通过改变表情来改变的。当思考过多时，尝试笑一下。

29

情感传达

从科学的角度来看
消极态度为何不好

美国国立卫生研究院　哈里里等人

态度要积极！我们在前文中曾这么说过。那么，为什么消极的态度不好呢？一些研究已经对此进行了科学调查。

美国国立卫生研究院的哈里里及其同事向参与者展示引发焦虑和恐惧的图像，并观察参与者在观看图像时大脑杏仁核的状态。杏仁核是当人们感到焦虑和恐惧等负面情绪时会活跃起来的部位。

展示的图像有这三种：

①人的面部表情，如恐惧和愤怒。

②自然界中令人恐惧的事物，如动物和昆虫。

③指着参与者的手枪、事故和爆炸等人造恐怖物。

结果显示，在观察人的恐惧、愤怒等面部表情时，杏仁核的反应最为强烈。看来，当人们看到负面的面部表情时，会产生本能反应。

在这方面，夏威夷大学的哈特菲尔德等人报告了一项研究，他们发现与消极的人相处的时间越长，人们就越有可能产生同样的想法。

他们发现，当人们与消极的人待在一起时，他们的面部表情、姿势，甚至说话和行为方式都会变得更加相似。

换句话说，"人们会受到他人消极言行和心态的影响，并不自觉地加以模仿"。

此外，人们有一种优先关注消极事物的倾向（即"负面偏好"），因此，如果同时呈现积极和消极的事物，他们会更关注消极的事物。

消极会吸引消极。因此，消极的态度是不好的。如果你始终保持消极态度，你周围的人也有可能变得消极，你的消极情绪也会因此增强。

在第26节我们提到，研究表明积极的人际关系对人的幸福至关重要。但需要注意的是，我们自己也要避免表现消极的态度，并确保日常言行是积极的。积极的情感和态度也会传递给他人。

如果你身边有消极的人（表情阴郁、有批评或攻击性语言及行为的人），请尽量与其保持距离，避免共情。更安全的做法是不要去想对方在想什么。

此外，如果你发现自己难以摆脱负面情绪，请参阅第16节中的"写下焦虑"的方法。

不内耗的简单思考术　　**消极情绪很快就会传染给他人。**

压力耐受性
摆脱自虐行为
乐观的语言

30

语言的影响

积极的语言能减轻痛苦和疼痛

自我评价
利己思考
选择语言

华盛顿大学　达顿和布朗

前文说过，我们至少应该保持积极的态度，接下来，要向你介绍的是与此相关的研究。

华盛顿大学的达顿和布朗等人要求参与者完成一项测试。他们提供了三个单词，要求参与者猜出与这三个单词相关的第四个单词。

在测试前，参与者会收到一份问卷，询问他们认为自己的能力如何、与其他参与者的能力相比如何、认为自己能解决多少问题等。测试后，他们还需再次填写相同的关于自我评价的问卷。

研究发现，自我评价较高的人较少感到沮丧。

具体来说，自我评价较高的人更容易认为，他们答对问题是因为自己能力强，而答错则是因为问题不适合自己，并不会将失败归咎于自己的能力。

然而，自我评价较低的人往往认为他们回答错误是因为自己能力不足，从而变得沮丧。

换句话说，**抛开自己的实际能力，乐观地相信"我能行"的人，更容易从利己的角度思考问题。**

与此相关的是另一项研究。

南丹麦大学的韦赫特等人于2020年5月发表的一项新研究表明，积极的语言能增强人们对"痛苦"和"困难"的耐受力。

在这项实验中，参与者被分为三组。

①研究者用积极的语言对实验进行说明。

②研究者用消极的语言对实验进行说明。

③研究者用中性的语言对实验进行说明。

然后，要求每个参与者做一项对体力要求很高的运动，如深蹲。

结果显示，组①大腿肌肉的耐受力提高了22%，组②的耐受力降低了4%，而且感觉更疼。

因此，消极的语言不仅会让你感觉更脆弱，还会影响你的身体状态和对疼痛的感知。

过度的积极思维和积极表达未必完全是好的，但最好尽量不使用消极的词语。

在崇尚谦虚的文化中，人们可能会倾向于使用"我做不到"或"反正我自己也做不到……"等自我贬低的词语。

不过，建议你远离这些词语，尽量将其转化为积极的表达和正面的引导。

适度的积极表达转化列表

做不了 → 如果……就能做

困难 → 有成就感

忙碌 → 充实

疲惫 → 拼尽全力

吵闹 → 充满活力、有朝气

不内耗的
简单思考术

尽量选择乐观的词语，不让大脑感到焦虑。

心情愉悦
大脑的喜悦
洛马琳达大学

31

笑的效果 I

笑一笑也能提高
生命力

血液
免疫力
缓解压力

华威大学　奥斯瓦尔德等人

最近，你是否经常笑呢？

事实上，除笑容外，世界各地还有一些报告指出"笑"这一动作带来的各种积极效果。

下面是英国华威大学奥斯瓦尔德等人的一项研究。

该研究包括四个不同类型的实验，第一个实验的参与者被分为以下两组：

①观看喜剧视频组。

②不看喜剧视频组。

然后给他们10分钟时间求五个两位数的总和。结果显示，组①的成绩更好。

接下来是第二个实验。与第一个实验一样，参与者观看了一段喜剧视频，并被要求完成同样的任务，但结果也显示，在这项任务中，自我报告幸福感更强的一组表现得更好。

在第三个实验中，一组人获得了巧克力、水果和饮料，另一组人什么都没有，两组人一起工作。结果显示，获得食物和饮料的那一组表现更好。

在第四个实验中，参与者被分为两组：一组填写了关于"最近的痛苦事件"的问卷，另一组没有填写问卷。结果显示，填写问卷的一组表现较差。

从这个实验中我们可以看出，**幸福感强的人表现得更好**。在第一个实验中，观看喜剧视频的人表现更好，这可能是因为观看喜剧视频给他们带来了幸福感。

幸福感可能难以想象，但简单地说，它是一种感觉良好的状态。

让大脑快乐起来非常重要。

做到这一点的方法可能因人而异，但观看"搞笑视频"没有任何缺点，任何人都很容易实践。

与刚才描述的实验类似，也有其他使用"有趣的视频"进行的实验。

洛马琳达大学伯克等人进行的实验中，参与者被要求观看1小时左右的搞笑视频。研究者在参与者观看视频前后和12小时后分别采集他们的血液样本，以研究笑与躯体之间的关系。

结果显示，参与者在观看搞笑视频时，血液中的多种成分都产生了积极的反应。换句话说，"人的免疫力得到了提高"。

有趣的是，结果显示，**即使在观看视频12小时后，免疫系统增强的效果仍在持续**。看来，笑的效果是持久的。

喜剧自古就有。在日本，作为能剧基础的猿乐就是一种由模仿构成的喜剧形式。

在任何严酷的时代，人们都是通过欢笑来克服时代压力的。

如今，有了电视、租赁录像带和互联网，任何人都可以随时观看喜剧。

也许认真对待一件事很重要，但也有必要对一些荒谬的事情开怀大笑。请试着通过忘掉一切、尽情欢笑，提高自己在各方面的表现吧！

| **不内耗的
简单思考术** | 愉悦你的大脑，让自己拥有"好心情"，你的表现会自然而然地提高。 |

32

笑的效果 Ⅱ

年长者能够从笑声中
产生创意

fMRI
运动系统
海马体

摩德纳-雷焦·艾米利亚大学　塔拉米等人

如上一节所述，笑这种表达方式，自古便以"喜剧"等形式存在着。下面要介绍一项关于笑的影响的研究。

意大利摩德纳–雷焦·艾米利亚大学的塔拉米及其同事记录了人们大笑时的大脑活动，他们使用一种叫作fMRI（功能性磁共振成像）的技术来观察大脑不同部位的活动、血液流动等。

他们发现，当人们大笑时，控制情绪的边缘系统和控制记忆的海马体会变得活跃，而在身体运动时活跃的运动系统也会做出反应。

这项研究最有趣的地方在于，大笑时大脑激活的位置会随着年龄的变化而变化。

年轻人大脑中被称为"奖赏系统"的部分会变得活跃。奖赏系统是大脑中与快乐和愉悦感觉相关的部分。因此，"笑"="变得快乐"。

然而，年长者的情况则有所不同。研究发现，年长者在笑的时候，大脑中的"默认模式网络"（即与记忆和价值判断等灵感有关的部分）会更加活跃。

这意味着，笑能让他们更容易、更快地做出决定，并产生好的想法。

笑不仅在娱乐和改善情绪方面起着重要作用，也有着实用价值。

特别是对于年龄较大的人来说，笑与实用性直接相关，所以为什么不经常抽出时间来开怀大笑呢？

**不内耗的
简单思考术**　有时候，一些琐碎的、看似毫无意义的事情，在生活中却有着重要的作用。

33

信任的科学

观察力强的人更容易
与他人建立依赖关系

自我认知能力
倾听能力
理解他人思考方式

牛津大学　卡尔和比拉里

前文说过，良好的人际关系会带来幸福，而"信任"和"可靠"是人际关系的内在要素。

牛津大学的卡尔和比拉里报告了这样一项研究结果。

研究指出，"智力较高的人更容易相信他人，而智力较低的人则往往不轻易相信他人"。

这项研究利用的是美国综合社会调查（General Social Survey，GSS）项目的数据。这一项目从人群中无偏抽取被试，收集了他们的行为、社交和经济数据。更进一步地，研究者利用此项目中的词汇能力智力测试数据和通过访谈获得的智力评估数据展开研究。

结果显示，智力较高的人更容易信任别人，而智力较低的人较难信任别人。

在智力测验中得分较高的人比得分较低的人信任他人的程度高出了34%。研究者表示，这一结果与经济实力、受教育程度和是否有伴侣等因素无关。

之所以会这样，是因为智力高的人具有出色的观察力，这使他们善于判断他人，他们会依据自己的观察选择可以信任的人，因此他们不需要怀疑别人。然而，有些人不能信任别人，也可能是因为他们周围有很多不值得信任的人，或是他们经历过背叛。

这些结果表明，信任别人是一项非常复杂的活动。日本人可能更倾向于信赖他人，这说明他们身边有许多友好的人，且他们身处更容易敞开心扉的环境中。

但是，单方面向他人敞开心扉是无法建立信任关系的。你需要敞开心扉，对方也需要敞开心扉。

在心理学中，能够打开对方心扉的人被称为"开启者（Opener）"。所谓"开启者"，是指在与人互动时，能让对方感到自在的人。

南加州大学的米勒等人提出，开启者拥有以下特征：

- 对自己的弱点、长处和个性有高度的自我认知
- 能够从不同角度看问题
- 善于倾听，而不是只会滔滔不绝地说

开启者的特征是能够理解对方的感受和想法。

那么，怎样才能成为开诚布公的人呢？

诀窍就是**全程倾听**。

在对方讲到一半的时候打断他，自说自话，或者失去兴趣，中途停止倾听，都是不合适的。

要建立信任关系，最重要的是要有理解对方的态度。

人与人相处不融洽的主要原因之一是，他们看到了自己与对方之间的差异。也就是"不应该存在"的差异。

然而，当你更深层次地理解对方的思维和行为原则时，这种观点就会改变。你会意识到，与自己不同是可以的。

与其烦恼于双方的思考方式和行为原则之间的差异，不如先接受它们。

这也许就是与他人建立真正信任关系的秘诀。

**不内耗的
简单思考术**　建立良好关系的秘诀在于尝试理解对方的态度和行为原则。

第 **6** 章

大脑、身体、心理的
连接

人在一天的大部分时间都是不动的
威斯康星大学
越爱动的人越精神

34

运动与疲劳感的关系

人越是静止不动，越容易感到疲劳

肌肉僵硬
血流不足
大脑也会疲劳

佐治亚大学　普茨等人

过去，人类大部分时间都在户外活动，追逐猎物或从事农耕。然而，今天大多数人的生活与过去完全相反。我们坐在椅子上或躺在家里的时间尤其多。

下面的一项研究就能说明人们的运动量有多小。

昆士兰大学的欧文等人调查了20～59岁美国人一天的活动情况。

结果显示，他们醒着的时间中有3%用于锻炼（跑步、运动、力量训练等）、39%用于轻度运动（如散步），其余58%的时间都处于运动状态（坐着、躺着或只是站着）。

这意味着如果加上"睡眠时间"，人们在一天中不动的时间比动的时间长得多。

事实证明，这种持续静止的状态会对大脑、精神和身体产生负面影响，导致疲劳。

例如，威斯康星大学麦迪逊分校的埃林斯顿等人针对女性进行了一项研究。

在这项研究中，他们发现，"那些坐着时间较少的人精力和活力更充沛，更不容易感到疲劳"。简言之，在一定程度上进行活动的人往往精力更充沛，更不容易感到疲劳。

佐治亚大学的普茨等人进行了另一项研究。

实验对象是一群"每天都感到疲劳的健康年轻人"。参与者被分为以下三组：

①6周内在健身房做中等强度运动（跑步或轻度力量训练）

约18次的小组。

②6周内在健身房做轻度运动（慢跑或步行）约18次的小组。

③不做运动的小组。

研究者调查了参与者6周后的疲劳感。结果表明，感觉疲劳得到最好缓解的是组②"进行轻度运动的人"，其次是组①"进行中等强度运动的人"。而组③"不进行任何运动的人"的疲劳没有得到缓解。

这些结果表明，"坐着不动，什么也不做"对身体和精神都没有好处。肌肉变得僵硬，血流量减少，结果大脑也会变得疲劳。

我自己年轻的时候，曾经有一段时间经常待在实验室里，除了睡觉就是坐在椅子上。我记得那时自己总是感到异常疲劳。脑袋昏昏沉沉的，花了很多时间却没有完成多少工作。我相信很多人都和我当时的情况一样。

越是因堆积太多的事情做不完而焦虑的人，越需要养成体育锻炼的习惯。不过，你不需要开始力量训练或跑步，做些轻松的伸展运动就足够了。

伸展运动中，有不带冲力的"静态伸展"，如前屈和开腿；还有在进行动作时利用势头和冲力的"动态伸展"，如广播体操。

明治安田健康福利组织动力医学研究所的须藤等人进行的

一项研究发现，进行约30分钟的静态伸展后，人们在进行需要用眼的任务时会有更好的表现，焦虑也会减少，并会变得更加积极向上。

伸展腰部

在椅子上也能做的静态伸展

例如，猫等动物从睡梦中醒来时，会做一个大大的伸展动作。据说，是为了让因睡眠而僵硬的身体恢复原状。

让血液流动起来对于大脑和身心从疲劳中恢复过来非常重要。从这个意义上说，静态伸展的确能有效缓解身体的紧缩。

例如，坐了90分钟后，不妨休息一下，轻轻地伸展一下身体，创造一段关注身体的时间。

顺便提一下，近年来的研究表明，运动前的静态伸展会降低运动表现。运动前应该做"动态伸展"。

在第6章中，我们将探讨大脑、心理和身体之间的这种联系，以及它们与健康和幸福的关系。

**不内耗的
简单思考术**　　不动会增加疲劳。如果你长时间不动，可以做一些静态伸展运动。

35

习惯与动机

尝试去健身房后发生的 8个显著变化

麦考瑞大学　奥顿和陈

世界上有两种人：一种是能够坚持自己决定要做的事情的人，另一种是不容易养成习惯的人。也许很多人的烦恼之一就是无法养成习惯。

对这些人来说，有一个好消息！有一项研究可以帮助他们。

这项研究是由澳大利亚麦考瑞大学的奥顿和陈开展的。

实验对象是一群不爱运动的男性和女性。首先，他们被要求在2个月内"什么也不做"。简言之，他们被要求像往常一样生活。2个月后，他们被要求在接下来的2个月里去健身房锻炼。

在这4个月中，参与者的压力水平、精神状态、自我效能感（即自己能够做到某事的能力感）和其他日常习惯都发生了变化。

研究者发现了健身的一些效果。

①压力减轻了。

②香烟、酒精和咖啡因的摄入量减少了。

③情绪控制力得到改善。

④更愿意做家务了。

⑤开始信守承诺。

⑥吃得更健康了。

⑦浪费减少了。

⑧有了更好的学习习惯。

这些结果看起来太"壮观"了（笑）。

总体结果是，人们自然而然地过上了更健康、更有规律、更有节制的生活。

实验的对象是平时不爱运动的人，研究者认为，环境的重大改变作为一种良好的刺激，引发了这些结果。

运动的直接效果，如体重减轻，能够让人产生愉悦感，它还能提高积极性和自我形象，这自然而然地导致了生活方式的改变。

这种方法适合那些性格上不太注意细节或者很难下定决心开始的人。大胆尝试去健身房也许是一个不错的选择。支付会员费也会产生强制作用，促使你坚持下去。

认为"反正坚持不了，所以不去"的人，如果坚持不了很长时间也没关系，可以先设定2个月的期限，就可能会像这个实验一样，发生戏剧性的习惯变化。

但是，如果你突然做一些太难的事情，结果生病或受伤了，你可能会在之后更加什么也不做……因此，请注意运动的内容，不要过度。

不内耗的简单思考术　　**彻底改变环境，习惯也可能一下子改变。**

腹内侧前额叶
癌症痛消失了
阿尔弗雷德·阿德勒

36

意识与肉体

"病由心生"的科学依据

做不到的理由
正当化
认知失调理论

北京大学　王逸璐等人

俗话说："病由心生。"这不是一种唯心主义，研究表明这是真的。

北京大学的王逸璐等人报告说，当人们做出利他行为时，大脑腹内侧前额叶会被激活，他们不会感到令人不快的疼痛。

为了证实这一点，他们进行了几项实验，结果都表明，有利他行为的人感受到的疼痛较少。

例如，研究者称，利他不仅对肩膀僵硬和背痛等轻微疼痛有效，对受伤和疾病引起的疼痛也有效，能使癌症患者不再感到慢性疼痛。

这究竟是为什么呢？

利他行为是一种放下自我利益、服务他人的状态。

就历史人物而言，据说南丁格尔在克里米亚战争中服役时，曾不知疲倦地为伤兵服务。她不顾自己身体的伤痛，全心全意为他人服务，因此被称为"克里米亚天使"。

再想想我们身边的事，当孩子生病时，有许多母亲会尽全力照顾他们，而忘记了自己的事。

在这种不求回报地为对方做事的情况下，人是不会感到痛苦的。

从大脑机制来看，当你为一个人不顾一切时，焦虑的情绪或痛苦并不会进入你的意识之中。

"病由心生"，事实上，你的身体状况和感受都会因为你的思想角度变化而有很大的不同。

心理学中也有相似的观点，著名的心理学家阿尔弗雷德·阿德勒说过："为了避免失败，人们有时会让自己生病。他们凭着'如果我没有生病，我就可以做到……'的借口，逃到安全地带，轻松脱身。"

这就是所谓的"认知失调理论"，人们会编造理由来证明自己的行为和存在是合理的。

例如，假设你在工作中犯了错误。这个时候，如果你潜意识里觉得如果承认错误，自己的存在价值就会被贬低（害怕被认为是不会做事的人），你就会不承认错误，指责他人，或者搬出自己做不到的理由。

人们甚至会以疾病为理由推脱责任。认为自己得了某种病，所以做不到，甚至最终会导致自己真的得了这种病。事实上，你不生病和生病可能也取决于你在日常生活中的意识和大脑习惯。

前面提到的南丁格尔，在服兵役期间由于过度劳累，患上了重病，40岁时一度无法下床活动，但她仍坚持工作，终其一生，直到90岁高龄。

随着你意识状态的改变，你对自身健康和身体状态的认识角度也会发生很大改变。大脑与我们的身体和心理状态息息相关。

**不内耗的
简单思考术**

高度集中的注意力和积极的态度能够消除疾病和痛苦。

37

心的容纳能力

有执念的人
容易生病

应该……
自动思维
接纳思考

巴塞罗那大学　费萨斯等人

据估计，现在每5个人中就有一人患有抑郁症或精神分裂症等精神疾病，而这些疾病也是由焦虑和焦虑导致的过度思考引起的。

那么，究竟是哪些想法会对心理造成伤害呢？

巴塞罗那大学的费萨斯等人对161名抑郁症患者和110名健康人进行了研究，以找出两组人思想上的差异。

研究结果显示，有"内心冲突"的人所占比例很高。简单地说，"内心冲突"就是现实与理想之间的差距。34.5%的健康人有"内心冲突"，而68.3%的抑郁症患者有"内心冲突"，抑郁症患者中有"内心冲突"的人数是健康人的约两倍。此外，86%有内心冲突的抑郁症患者曾试图自杀。

研究发现，"希望事情如此发展的内心期望"与"事情并未如此发展的现实"，这两者之间的差异会对人的精神状态产生巨大影响。

当然，我们每个人都有一些愿望。"想要这样""非这样不可"，这些大部分是我们在成长环境中习得的想法，但是，我们大都不了解自己为何心怀愿望，也不知道自己真正的愿望究竟是什么。

然而，理想与现实的差距可以成为一种晴雨表。因为，你心中的焦虑越大，就意味着你的愿望也越大。

换言之，**你越焦虑，你的理想就越远大，与现实的差距就越大。差距越大，负面情绪和想法就越容易占据上风。**

例如，你在日常生活中是否对自己和他人使用过"应该"或"应该是"这样的短语？

如果你经常使用这些短语，你可能需要小心，因为它们表明你心中有一个"理想标准"。

如果你高度焦虑，你可能会开始根据自己的假设想象一些事情，这就是所谓的"自动思维"。例如，当你与人发生小争执时，你可能会想"我和谁都合不来"，或者"没有人回复我的邮件。我被人欺负了"等。这些想法都是对事实的夸大解释，是通过想象来看世界的表现。

那么，该如何改善呢？

基本立场是先接受现状，告诉自己"别紧张，事情就是这样"。

当我们遇到不好的事情时，往往会想改变环境或他人，但要改变自己以外的世界是非常困难的。想要改变无法改变的事物，或者希望它们发生改变，都是在浪费时间和精力。相反，改变自己的看法要容易得多，也现实得多。

如果你不知道其中的机制，就会根本不知道该如何应对，你的焦虑也会越来越强烈。因为不了解，因为焦虑，你会变得恐惧、排斥和具有攻击性。

但大脑是聪明的。当大脑明白"原来，心理作用是通过这种机制产生的"时，它就能在一定程度上客观地看待事物。让支配理性的大脑发挥作用，就可以抑制控制情感的大脑。

这样，内心的容量就会增加。你将能够理解自己的压力状态，并减少过度思考的时间。

放弃理想和标准并非易事，因此第一步是接受事实。请大家试着从这里开始吧！

对世界、对人、对自己都是如此。关注人与人之间的差异、行为原则和运作机制，就一定能减少"不可原谅的事情"。

不内耗的简单思考术 **你越了解运作原理，你就越能忍受焦虑。**

丹尼尔·卡尼曼
幸福4分类
喜悦是无法持续的

38

追求幸福

体验各种复杂的情感
对精神有益

极致的幸福
多样的情绪
诺贝尔经济学奖

庞培法布拉大学　奎德巴克等人

我们已经了解，人们追求"快乐""舒适"和"安逸"是因为他们焦虑。但是，如果每天身边都只有快乐的事情，他们会快乐吗？

西班牙庞培法布拉大学的奎德巴克及其团队对37000人进行了一项关于幸福和情绪的调查。

调查要求参与者回答自己经历快乐、敬畏、希望、感激、爱和自尊等9种积极情绪以及愤怒、悲伤、恐惧、厌恶、内疚和焦虑等9种消极情绪的频率。然后对他们体验到的情绪和目前的幸福程度进行了调查。

结果显示，人们感受到的情绪很多样，**体验到越多样情绪的人，心理越健康，幸福感越高**。

换句话说，只体验轻松或快乐的事情并不是幸福。研究报告指出，体验各种事物，品味各种情绪，接受事物的本来面目，才能实现最终的幸福。

披头士乐队有一首名曲叫作《Let It Be》，虽然它通常被翻译为"随遇而安"，但其更深层次的意义则是不追求当前不存在的东西，而是直接接受事实和情感。从此歌名中可以看出幸福的本质。

每天都只追求轻松和愉快，可能会导致人们对这种感觉逐渐麻木。

长假刚开始时是快乐的，但如果过于懒散，快乐就会消失，人也会开始感到疲惫。

此外，也正因为你曾感受过由衷的悲伤和不甘，当你遇到愉快的事情时才会更加感动。例如，正因为你有过不愉快的工作经历，所以当你找到一个理想的环境时，你才会更加感激。

获得诺贝尔经济学奖的心理学家丹尼尔·卡尼曼也提出了类似的观点。

卡尼曼告诉我们，幸福有四个要素，分别是总体满足感、性格特质、情绪、感动或兴奋，幸福并没有单一的标准。

他还说，追求快乐可以让人暂时感到幸福，但对于长期保持总体幸福感是无效的。

换句话说，**幸福是由一系列复杂的因素构成的，并非"这样做你就会幸福"的行为所能涵盖的。**

试图用金钱、兴趣爱好、人际关系或其他任何东西来实现幸福，都只是一时的逃避。"我幸福是因为我比别人都好"或"我不幸福是因为我比别人都差"等相对幸福也不是幸福的本质。

对幸福的评判标准是基于人生经验形成的，是每个人独有的。从这个意义上说，重要的是从不同角度审视自己的内心（感受、个性、欲望、习惯等），而不是与他人比较。

**不内耗的
简单思考术**　　　**追求享乐和快乐并不会带来幸福。"Let It Be（随遇而安）"的态度很重要。**

第 **7** 章

重启与出发

茶歇
咖啡因摄取
安慰剂

39

有效恢复活力的方法

与其喝咖啡，不如爬楼梯

运动10分钟
活力
动机

佐治亚大学　兰多夫等人

终于迎来了最后一章。

本章的主题是"重启"，在本章中，你可以了解如何从头脑和精神过热，以及从感受到的压力和疲劳中恢复过来，从而再次提升你的表现。本章只挑选了那些你在日常生活中很容易做到的事情，敬请大胆尝试。

首先，介绍一项关于茶歇的研究。长时间工作或学习后，有时你会感到疲倦或注意力无法集中。

这时你会怎么做呢？

很多人都会喝杯咖啡或茶，如果你是烟民，也许会抽支烟，但有一项有趣的研究与此相关。

美国佐治亚大学的一个研究小组在《生理学与行为学》杂志上发表报告称："在附近找个地方上下楼梯10分钟，比喝咖啡更能驱散困倦，让你精力充沛。"

参加实验的是女大学生，她们平均每晚睡6.5小时，而且经常摄入咖啡因。

研究者假定她们是在典型的办公环境中工作，要求她们整天坐在电脑前，完成需要运用语言和认知技能的任务。

在这项研究中，每个参与者都被要求（在不同的日子里）完成以下三个任务：

①摄入咖啡因。

②服用安慰剂（告诉她们是咖啡因，但实际上是没有效果的安慰剂）。

③上下楼梯10分钟。

实验的目的是了解哪种方法最有效。

结果显示，③"上下楼梯10分钟"是最能提高工作效率和动力的动作。

一杯咖啡大约含有50毫克咖啡因，但研究发现，运动比这些咖啡因更有效。此外，**从咖啡中摄入咖啡因的效果与服用安慰剂的效果相差不大。**

当然，与安慰剂相比，咖啡因未必一点效果都没有，也有很多医学论文表明咖啡对健康有各种益处，但从起效速度和对工作的影响大小来看，"活动一下身体"的效果要大得多。不一定非要走楼梯，休息的时候在工作场所或家里快步走一走也是个好主意。

如第21节所述，尤其建议边思考边"走"或"活动"，因为这样更容易激活大脑。

不内耗的
简单思考术

如果你想提高工作的积极性和效率，"做点运动"是最好的选择。

生活在城市中的人
埃克塞特大学
20～30分钟

40

森林浴的效果

暂时去森林吧

能感受大自然的地方
皮质醇
漫无目的地

密歇根大学　亨特等人

"森林浴"一词由来已久。

正如这个词语所表现出的，许多人都有过"与大自然亲密接触的感觉真好"的经验，但它的效果究竟如何呢？

有研究揭示了森林浴的效果。

即密歇根大学的亨特等人在2019年发表的一项研究。

亨特等人要求一些城市居民主动与自然接触，"每周至少3次，每次至少10分钟"，持续8周。在此期间，研究者一共采集了4次参与者的唾液样本来检测他们的压力水平。

结果显示，**"每次接触大自然20～30分钟"的效果最好**。接触自然后，参与者的皮质醇（一种人在感受到压力时会分泌的激素）水平比平常低28.1%。研究者发现，即使超过30分钟，参与者的压力水平也在降低，只不过速度会变慢。

请注意，本实验中的"与自然接触的场所"是因人而异的。参与者被要求选择一个他们认为可以体验自然的地方，并在那里

度过一段时间。

住在城市里的人可能找不到大型公园，但绿树成荫的地方和其他能感受到大自然存在的地方也会有效果。

在另一项规模更大的相关研究中，埃克塞特大学的怀特等人对大约2万人进行了研究。

他们报告说，"**每周与大自然接触120分钟以上的人往往身心更健康**"。

这一趋势在每周接触自然200~300分钟时达到顶峰，也就是说，接触自然的时间上限为每周3~5小时。

顺便提一下，几年前我在夏威夷工作了2年，当我在办公桌前工作累了的时候，我就会去冲浪，清空头脑，四处漂荡，我确实觉得自己很少感到压力了。

在日常生活中，我们往往会忘记抽出时间放松一下，所以当感到疲倦或无法思考时，就去一个能接触大自然的地方吧。我觉得去一个可以与大自然互动的地方，即使是一时兴起，没有任何目的，也是很好的。

还有研究表明，在阳光明媚的日子里看看蓝天也有放松的效果，请务必尝试一下。

不内耗的 简单思考术	你可以偶尔漫无目的地走进大自然，这可以大大降低你的压力水平。

小鼠实验
免疫细胞失控
猝死

41

休息的效果

良好的睡眠能够帮助
我们摆脱压力

非快速眼动睡眠
压力物质
睡眠环境

波士顿大学　富尔茨等人

人们常说，压力对人体有害，但有些时候，你不得不与他人打交道，或者在某一时期真的不得不咬牙努力。

在这种情况下，你唯一能控制的时间就是独处和睡觉的时间。

与其他国家相比，日本人的平均睡眠时间通常被认为是较短的。

如果只是睡眠时间短倒还好，但有很多人会在睡前玩手机和电脑，导致他们在交感神经系统活跃的状态下入睡，因此他们的睡眠质量也很差。

睡眠也是身体休息和巩固记忆的一个非常重要的时间，因此，希望大家都有充足并且高质量的睡眠。

在此，我想介绍下面的研究。

2017年，北海道大学的村上等人就压力的可怕影响进行了一项意义重大的实验。

他们利用小鼠，从分子水平上阐明了压力导致肠胃疾病和猝死的机制。

在研究中，村上等人通过让小鼠睡眠不足和弄湿垫料，使其长期处于压力之下。然后，他们研究了压力与多发性硬化症之间的关系，多发性硬化症是一种会导致大脑和脊髓硬化的疾病。

小鼠分为以下3组：

①只承受压力的小鼠。

②没有承受压力，但注射了多发性硬化症免疫细胞的小鼠。

③承受压力并在血液中注射免疫细胞的小鼠。

结果显示，组①中的小鼠和组②中的小鼠没有特别的变化。

然而，组③中70%的小鼠在一周左右的时间内突然死亡。

研究人员发现，当血液中存在导致炎症的致病免疫细胞时，压力会诱发疾病。因此，**压力过大是重病的诱因。**

由此可见，生活压力对身心的损害有多大。

话虽如此，但在现实生活中，工作和人际关系等方面的压力，有些是我们无法控制的。

但是，你至少可以控制自己的饮食和睡眠环境。

睡眠对于保持大脑健康状态尤为重要。

波士顿大学的富尔茨等人的一项研究指出，**在睡眠期间（尤其是在非快速眼动睡眠期间），脑内液体的循环速度会提高3.5倍。**循环速度的加快有助于清除大脑中的有害物质。

换句话说，睡眠越充足，就越能清除压力物质和其他物质，让你神清气爽，第二天早上醒来时状态更好。

想要做到这一点，就要尽量在临睡前停止刺激交感神经系统，比如少玩手机、少看电视等，并试着伸展身体，缓解身体的紧张状态。

要想更好地思考，好好休息也很重要。

请尽量创造一个能让自己充分休息的环境。

**不内耗的
简单思考术**

睡眠是释放累积压力的关键。要重视居住环
境和夜间习惯。

注意力
细菌性
预防心脏病

42

刷牙的效果

在休息时刷牙可以提升随后的表现

激活大脑
刺激
神清气爽

千叶大学　左达等人

像握住一支笔一样

像握笔一样轻柔地刷牙

　　前文中已经介绍了各种提振情绪的方法，但接下来要介绍的是一项令人惊讶的相关研究。

　　千叶大学的左达等人在一项研究中宣布，"刷牙具有提振情绪的效果"。

　　在这项实验中，参与者首先被要求用电脑工作20分钟。

　　之后，研究者将他们分为①刷牙组和②不刷牙组，并调查了刷牙的效果。

　　结果表明，①刷牙组的参与者们的大脑被激活，他们感觉神清气爽、注意力集中、头脑清醒。同时，困倦和疲劳感有所减轻。换句话说，工作后刷牙似乎有助于疲惫的大脑恢复活力。

　　究其原因，研究者认为是用手移动牙刷以及牙刷对口腔的刺激能够很好地刺激大脑。

另外，刷牙不仅可以预防蛀牙和口臭，还可以预防近年来呈上升趋势的吸入性肺炎和细菌性心脏病等各种疾病。

午餐后感到困倦时，刷牙也是提神醒脑、预防疾病的好方法，没有养成刷牙习惯的人何不趁此机会注意一下呢？

不内耗的 简单思考术	刷牙能适度刺激口腔，激活大脑。同时也有助于预防疾病。

自我形象
美丽的脸
丑陋的脸

—

43

外表与动力

用科学解释为什么女生出门需要花很长时间

焦虑反应
穿衣效应
化妆会使人变得积极

长崎大学　土居

准备和家人或恋人一起出去走走时，有些男生会抱怨：
"完全不明白为什么女生要花这么长时间准备！""真是的，
我们快走吧！"

然而，对于女性来说，整理仪容不仅是外貌问题，更与内
心有着密切的关联，这一事实已经得到人们的认识。

下面是一项关于女性化妆的研究。

长崎大学的土居进行了一项实验，他要求年轻女性观察
①自己的脸、②利用电脑人为制造的美丽的脸、③利用电脑人
为制造的丑陋的脸，并同步监测了她们的大脑活动。

结果显示，当看到"③利用电脑人为制造的丑陋的脸"
时，参与者会产生压力反应。通俗地讲，她们会说："我不想
长成这样！（不能这样！）"

研究发现，当女性展示出的形象与她们想要的不同时，也
就是与她们内心的自我形象不同时，她们会最大程度地感受到
压力。

实验表明，女性化妆更多的是因为不想让自己变得比想象
中更丑，而不是出于变美的愿望。

同志社大学的余语及其同事还研究了24名二十多岁女性因
化妆而产生的情绪和态度变化。研究观察到，化妆的人自尊心
和自我满意度较高，由专业人员化妆时，她们的焦虑程度会更
低，而且更善于表达自己的意见。

这两项研究都表明，**整理仪容可以使心情和行为变得积极**。

众所周知，服装具有"穿衣效应"。穿工作制服或西装能让人感觉更严谨，而穿让人感觉"酷"或"可爱"的衣服则能提高自我积极性。

俗话说"从形入手"，如果你想提高工作积极性，变得更善于交际或改善工作表现，关注自己的外表可能是一个重要的有效方法。

女性在化妆和时尚上花费金钱和时间，在心态和行为上都是非常有意义的。

会产生"为什么要花这么长时间呢？"这种想法的男性，在理解这一点的基础上与女性相处可能会更好。

即使对男性来说，涂指甲油也会产生一定的正面效果。

京都大学的平松让15名男性涂指甲油，并调查了参与者的情绪变化。结果显示，涂过指甲油的人不那么紧张、疲惫和抑郁，明显变得更加放松了。

我们的心态会随着外表发生变化，这一点非常有趣。

**不内耗的
简单思考术**　　**整理外表与整理内心息息相关。**

44

可爱的效果

看小猫或小狗的照片能提高注意力

圆身体
圆眼睛
大脑的注意力集中能力

广岛大学 入户野

　　广岛大学的入户野在2012年发表了一项独特的实验研究，爱猫爱狗的人会很乐于了解。

　　在这项实验中，学生们被要求完成一项需要集中注意力的任务，并在完成任务的过程中观看某些图片。这个实验是想知道，看不同类型的照片会不会影响工作效率。

　　研究者使用了三种类型的照片：

　　①小猫和小狗的照片。

　　②成年猫和狗的照片。

　　③寿司和其他食物。

　　结果，只有一组人的工作效率提高了。你认为是哪一组？

　　正确答案是看到小猫和小狗照片的那一组。他们的工作效率比其他组高44%。

　　有人认为，"可爱"的东西能吸引人的注意力，可能会使他们在之后的学习中更加专注。

　　确实，包括人类在内的许多动物的婴儿都有圆眼睛、圆身体的特征。我们看到这种形态时会感觉很可爱，但从生物学角度考虑，对于婴儿来说，这种形态有助于吸引周围人的关注，从而得到照顾和保护。而我们看到这种引人注目的外观，意识会变得敏锐，注意力集中程度和工作效率也会提高。

　　当你因注意力集中了一会儿而感到疲倦时，不妨试着看看小猫或小狗的照片。你不仅会感到心情舒畅，大脑也会重新集中注意力。

**不内耗的
简单思考术**

"可爱"不仅能舒缓情绪，还能帮助你集中
注意力。

促肾上腺皮质激素
皮质醇
①即兴②现有歌曲

45

尝试唱歌吧

卡拉OK对缓解压力
有益的科学依据

声音越大越……
催产素

密歇根大学　基勒等人

你喜欢唱歌吗？

有人总是动不动就说："去唱卡拉OK吧！"实际上，研究表明，唱歌对于缓解压力是有效的。

密歇根大学的基勒进行了一项研究，他将参与者每4人分成一组，要求他们唱歌，并研究了此时他们脑内物质含量的变化。参与者分为以下两组：

①即兴创作并演唱歌曲的小组。

②演唱现有歌曲的小组。

结果显示，两组人大脑中与皮质醇分泌密切相关的一种物质——促肾上腺皮质激素的含量都减少了。皮质醇是人们感到压力时分泌的一种激素，也与兴奋有关。

换句话说，唱歌能抑制压力和兴奋。观察组间差异，结果显示：②唱现有歌曲的小组比①唱即兴歌曲的小组效果更显著。

结果还显示，**唱歌声音越大，皮质醇水平越低，快乐激素催产素的水平越高**。这意味着，不仅压力减少了，幸福感也增强了。

如果你不擅长唱歌，那么大点声说话也会有帮助。

当你感觉有点烦恼或因集中注意力而感到疲倦时，用尽全力大声唱歌会让你感觉好很多。现在有越来越多的人选择一个人去唱卡拉OK了，请放心地去试一下吧！

顺便提一下，如果你觉得发声困难，可以试着在水杯里放一根粗吸管，一边含着吸管，一边发出"啊"或"呜"的声音，让水冒泡。

呼吸变得顺畅

这也是声音训练中会用到的方法，这样做两三分钟，就能帮助你呼吸，你的声音也会自然地从腹部发出来，还能帮你发出你以前无法发出的高音。

另外，用这种方法，即使发出很大声音，声音也不会外泄，所以你可以大声喊叫，而不用担心打扰邻居（笑）。在参加重要会议或与某人见面之前，这样做或许是个不错的选择。

**不内耗的
简单思考术**　　**让我们抛下羞涩和尴尬，尝试歌唱吧。**

参考文献

Analytis, P. P., Barkoczi, D., and Herzog, S. M. (2018). Social learning strategies for matters of taste. *Nature. Human Behavior*, 2, 415–424.

Andersen, S. M., Spielman, L. A., and Bargh, J. A. (1992). Future–Event Schemas and Certainty About the Future: Automaticity in Depressives' Future–Event Predictions. *Journal of Personality and Social Psychology*, 63(5), 711–723.

Anderson, M. C., Bjork, R. A., and Bjork, E. L. (1994). Remembering can cause forgetting: Retrieval dynamics in long–term memory. *Journal of Experimental Psychology: Learning, Memory, and Cognition*, 20, 1063–1087.

Andrade, J. (2009). What does doodling do? *Applied Cognitive Psychology*, 23(3), 1–7.

Berk, L. S., Felten, D. L., Tan, S. A., Bittman, B. B., Westengard, J. (2001). Modulation of neuroimmune parameters during the eustress of humor–associated mirthful laughter. *Alternative Therapies In Health And Medicine*, (2), 62–72–74–66.

Borkovec, T. D., Hazlett–Stevens, H., and Diaz, M. L. (1999). The role of positive beliefs about worry in generalized anxiety disorder and its treatment. *Clinical Psychology and Psychotherapy*, 6(2), 126–138.

Blechert, I., Sheppes, G., Di Tella, C., Williams, H., and Gross, I. I. (2012). See what you think: Reappraisal modulates behavioral and neural responses to social stimuli. *Psychological Science*, 23(4), 346–353.

Brick, N. E., McElhinney, M., J., and Metcalfe, R. S. (2018). The effects of facial expression and relaxation cues on movement economy, physiological, and perceptual responses during running. *Psychology of Sport and Exercise*, 34, 20–28.

Bushman, B. J., Bonacci, A. M., Pedersen, W. C., Vasquez, E. A., and Miller, N. (2005). Chewing on it can chew you up: Effects of rumination on triggered displaced aggression. *Journal of Personality and Social Psychology*, 88, 969–983.

Carl, N. and Billari, F. C. (2014). Generalized Trust and Intelligence in the United States. *PLoS ONE*, 9(3), e91786.

Cepeda, N. J., Vul, E., Rohrer, D., Wixted, J. T., and Pashler, H. (2008). Spacing effects in learning: A temporal ridgeline of optimal retention. *Psychological Science*, 19(11), 1095–1102.

Dijksterhuis, A., Bos, M. W., Van Der Leij, A. and Van Baaren, R. B. (2009). Predicting Soccer Matches After Unconscious and Conscious Thought as a Function of Expertise. *Psychological Science*, 20, 1381–1387.

土居裕和（2012）.「化粧がもつ自尊心昂揚効果に関する発達脳科学的研究」Cosmetology: Annual Report of Cosmetology, 20, 159-162.

Dunning, D., Johnson, K., Ehrlinger, J., and Kruger, J. (2003). *Self-insight: Roadblocks and Detours on the Path to Knowing Thyself.* New York: Psychology Press.

Dunning, D., Johnson, K., Ehrlinger, J., and Kruger, J. (2003). Why People Fail to Recognize Their Own Incompetence. *Current Directions in Psychological Science*, 12(3), 83-87.

Dutton, K. A., and Brown, J. D. (1997). Global self-esteem and specific self-views as determinants of people's reactions to success and failure. *Journal of Personality and Social Psychology*, 73(1), 139-148.

Ebbinghaus, H. (1885). *Memory: A contribution to experimental psychology.* New York: Dover.

Ellingson, L. D., Kuffel, A. E., Vack, N. J., and Cook, D. B.,(2014). Active and sedentary behaviors influence feelings of energy and fatigue in women. *Medicine and Science in Sports and Exercise*, 46(1), 192-200.

Feixas, G., Montesano, A., Compan, V., Salla, M., Dada, G., Pucurull, O., Trujillo, A., Paz, C., Munoz, D., Gasol, M., Saul, L.A., Lana, F., Bros, I., Ribeiro, E., Winter, D., Carrera-Fernandez, M.J. and Guardia, J.(2014). Cognitive conflicts in major depression: between desired change and personal coherence. *British Journal of Clinical Psychology*, 53, 369–385.

Fermin, A. S. R., Sakagami, M., Kiyonari, T., Li, Y., Matsumoto, Y., and Yamagishi, T. (2016). Representation of economic preferences in the structure and function of the amygdala and prefrontal cortex. *Scientific Reports*, 6, 20982.

Festinger, L. (1954). A theory of social comparison processes. *Human Relations*, 7, 117–140.

Finkel E. J., DeWall, C. N., Slotter, E. B., Oaten, M., and Foshee, V.A. (2009). Self–Regulatory Failure and Intimate Partner Violence Perpetration. *Journal of Personality and Social Psychology*, 97(3), 483–99.

Fultz, N. E., Bonmassar, G., Setsompop, K., Stickgold, R. A., Rosen, B. R., Polimeni, J. R., and Lewis, L. D. (2019). Coupled electrophysiological, hemodynamic, and cerebrospinal fluid oscillations in human sleep. *Science*, 366: 628–631.

Gilovich, T. and Medvec, V. H. (1994). The temporal pattern to the experience of regret. *Journal of Personality and Social Psychology*, 67(3), 357–365.

平松隆円（2011）.「男性による化粧行動としてのマニキュア塗抹がもたらす感情状態の変化に関する研究」仏教大学教育学部学会紀要, 10, 175–181.

Ito, T. A., Larsen, J. T., Smith, N. K., and Cacioppo, J. T. (1998). Negative information weighs more heavily on the brain: the negativity bias in evaluative categorizations. *Journal of Personality and Social Psychology*, 75(4), 887–900.

Hariri, A. R., Tessitore, A., Mattay, V. S., Fera, F. and Weinberger, D. R. (2002). The amygdala response to emotional stimuli: a comparison of faces and scenes. *Neuroimage*, 17, 317–323.

Hatfield, E., Cacioppo, J., and Rapson, R. (1992). Primitive emotional contagion. In. M. S. Clark (Ed.), *Review of Personality and Social Psychology*, 151–177, Newbury Park, CA: Sage.

Hunter, M. R., Gillespie, B. W., and Chen, S. Y. (2019). Urban Nature Experiences Reduce Stress in the Context of Daily Life Based on Salivary Biomarkers. *Frontiers in Psychology*, 10. doi:10.3389/fpsyg.2019.00722.

Kahneman, D. (2000). Evaluation by moments: past and future. In D. Kahneman and A. Tversky (Eds.), *Choices, Values and Frames*, 693–708, Cambridge: Cambridge University Press.

Keeler, J. R., Roth, E. A., Neuser, B. L., Spitsbergen, J. M., Waters, D. J. and Vianney, J. M. (2015). The neurochemistry and social flow of singing: bonding and oxytocin. *Frontiers in Human Neuroscience*, 9, 518.

Killingsworth, M. A. and Gilbert, D. T. (2010). A wandering mind is an unhappy mind. *Science,* 330, 932.

Kimura, T., Yamashita, S., Fukuda, T., Park, J. M., Murayama, M., Mizoroki, T., Yoshiike, Y., Sahara, N., and Takashima, A. (2007). Hyperphosphorylated tau in parahippocampal cortex impairs place learning in aged mice expressing wild-type human tau. *EMBO Journal*, 26(24), 5143–5152.

Kraft, T. L. and Pressman, S. D. (2012). Grin and bear it: the influence of manipulated facial expression on the stress response. *Psychological Science*, 23 (11), 1372–8.

Levitt, S. D. (2016). Heads or Tails: The Impact of a Coin Toss on Major Life Decisions and Subsequent Happiness. *NBER Working. Paper,* No. 22487.

Mackworth, N. H. (1948). The breakdown of vigilance during prolonged visual search. *Journal of Experimental Psychology*, 1, 6–21.

益子行弘，萱場奈津美，齋藤美穂（2011）.「表情の変化量と笑いの分類の検討」知能と情報, 23（2）, 186–197.

Mehta, R., Zhu, R. (Juliet), and Cheema, A. (2012). Is noise always bad? Exploring the effects of ambient noise on creative cognition. *Journal of Consumer Research*, 39(4), 784–799.

Mehrabian, A. (1971). *Silent Messages (1st ed.).* Belmont, CA: Wadsworth.

Miller, L. C., Berg, J. H., and Archer, R. L. (1983). Openers: Individuals who elicit intimate self-disclosure. *Journal of Personality and Social Psychology*, 44(6), 1234–1244.

Moser, J. S., Hartwig, R., Moran, T. P., Jendrusina, A. A., and Kross, E. (2014). Neural markers of positive reappraisal and their associations with trait reappraisal and worry. *Journal of Abnormal Psychology*, 123(1), 91–105.

Moser, J. S., Dougherty, A., Mattson, W. I., Katz, B., Moran, T. P., Guevarra, D., Shablack, H., Ayduk, O., Jonides, J., Berman, M. G., and Kross. E. (2017). Third-person self-talk facilitates emotion regulation without engaging cognitive control: Converging evidence from ERP and fMRI. *Scientific Reports*, 7 (1), 4519.

村田明日香.エラ-処理に関わる動機づけ的要因の検討 事象関連電位をどう使うか-若手研究者からの提言（２）.日本心理学会第 69 回大会・フ-クショップ' 91（慶応義塾大学）2005年9月.

Mussweiler, T., Rüter, K., and Epstude, K.(2006). The why, who, and how of social comparison: A social-cognition perspective. In S. Guimond(Ed.), *Social comparison and social psychology. Understanding cognition, intergroup relations and culture*, 33–54, Cambridge: Cambridge University Press.

Nittono, H., Fukushima, M., Yano, A., and Moriya, H. (2012). The power of kawaii: Viewing cute images promotes a careful behavior and narrows attentional focus. *PLoS ONE,* 7(9), e46362.

Oaten, M., and Cheng, K. (2006). Longitudinal gains in self-regulation from regular physical exercise. *British Journal of Health Psychological Society,* 11, 717–733.

O'Doherty, J., Winston, J., Critchley, H., Perrett, D., Burt, D. M., and Dolan, R. J. (2003). Beauty in a smile: the role of medial orbitofrontal cortex in facial attractiveness. *Neuropsychologia,* 41, 147–155.

Oswald, A. J., Proto, E., and Sgroi, D. (2015). Happiness and productivity. *Journal of Labor Economics.,* 33 (4), 789–822.

Owen, N., Sparling, P., Healy, G., Dunstan, D., and Matthews, C. (2010). Sedentary Behavior: Emerging Evidence for a New Health Risk. *Mayo Clinic Proceedings*, 85(12), 1138–1141.

Pennebaker, J. W. (1989). Confession, inhibition, and disease. In L. Berkowitz (Ed.), *Advances in Experimental Social Psychology*, 211–244, New York: Academic Press.

Quoidbach, J., Gruber, J., Mikolajczak, M., Kogan, A., Kotsou, I., and Norton, M. I. (2014). Emodiversity and the emotional ecosystem. *Journal of Experimental Psychology: General*, 143(6), 2057–2066.

Radvansky, G. A., Krawietz, S. A., and Tamplin, A. K. (2011). Walking

Through Doorways Causes Forgetting: Further Explorations. *Quarterly Journal of Experimental Psychology*, 64, 1632–45.

Raichle, M. E., MacLeod, A. M., Snyder, A. Z., Powers, W. J., Gusnard, D. A., and Shulman, G. L. (2001). A default mode of brain function. *Proceedings of the National Academy of Sciences of the United States of America*, 16, 98(2), 676–82.

Ramirez, G., and Beilock, S. L. (2011). Writing about Testing Worries Boosts Exam Performance in the Classroom. *Science*, 331, 211–213.

Randolph, D. D., and O'Connor, P. J. (2017). Stair walking is more energizing than low dose caffeine in sleep deprived young women. *Physiology and Behavior*, 174, 128–135.

Richards, B. A., and Frankland, P. W. (2014). The Persistence and Transience of Memory. *Neuron*, 94(6),1071–1084.

左達秀敏，村上義徳，外村学，矢田幸博，下山一郎（2010）．「歯磨き行為の積極的.休息への応用について」産業衛生学会誌, 52（2）, 67–73.

Schuck, N. W., and Niv, Y. (2019). Sequential replay of non-spatial task states in the human hippocampus. *Science*, 364(6447).

Sedikides, C., and Strube, M. J. (1997). Self-evaluation: to thine own self be good, to thine own self be sure, to thine own self be true, and to thine own self be better. In Zanna, M. P. (Ed.), *Advances in*

Experimental Social Psychology, 209–269, San Diego: Academic Press.

須藤みず紀、安藤創一、永松俊哉（2015）.「一過性のストレッチ運動が認知機能，脳の酸素化動態，および感情に及ぼす影響」体力研究, 113, 19–26.

Skorka-Brown, J., Andrade, J., and May, J. (2014). Playing 'Tetris' reduces the strength, frequency and vividness of naturally occurring cravings. *Appetite*, 76, 161–165.

Szabó, M., and Lovibond, P. F. (2006). Worry episodes and perceived problem solving: A diary-based approach. *Anxiety, Stress and Coping*, 19(2), 175–187.

Talami, F., Vaudano, A. E., and Meletti, S. (2019). Motor and Limbic System Contribution to Emotional Laughter across the Lifespan. *Cerebral Cortex*, 30(5), 3381–3391.

Tromholt, M. (2016). The Facebook experiment: Quitting Facebook leads to higher levels of well-being. *Cyberpsychology, Behavior, and Social Networking,* 19, 661–666.

Vaegter, H. B., Thinggaard, P., Madsen, C. H., Hasenbring, M., and Thorlund, J. B. (2020). Power of Words: Influence of Preexercise Information on Hypoalgesia after Exercise-Randomized Controlled Trial. *Medicine and Science in Sports and Exercise*. https://doi.org/10.1249/MSS.0000000000002396.

Vaillant, G. E. (2012). *Triumphs of experience: The men of the Harvard Grant Study.* Belknap Press of Harvard University Press.

Wang, Y., Ge, J., Zhang, H., Wang, H., and Xie, X. (2020). Altruistic behaviors relieve physical pain. *Proceedings of the National Academy of Sciences,* 117, 950–958.

余語真夫, 浜治世, 津田兼六, 鈴木ゆかり, 互恵子 (1990). 「女性の精神的健康に与える化粧の効用」健康心理学研究, 3, 28–32.

Ziegler, D. A., Simon, A. J., Gallen, C. L., Skinner, S., Janowich, J. R., Volponi, J. J., Rolle, C. E., Mishra, J., Kornfield, J., Anguera, J. A., and Gazzaley, A. (2019). Closed–loop digital meditation improves sustained attention in young adults. *Nature Human Behaviour,* 3(7), 746–757.

后　记

在现代社会中，深思熟虑一直受到人们的推崇。当然，我并不反对这一点。然而，也有很多人刻意想要聪明地思考，导致自己负担过重……或许我们可以更轻松一些呢？这样的想法成为我写这本书的契机。

思考过多，过于焦虑可能会使我们对周围的环境和人感到愤怒，并且有时会使我们产生攻击性。然而，正如本书中所述，攻击他人最终只会给自己带来更多伤害。

敌非他人，乃自身……创造一切思考和情感的，正是我们自己。原本，人们可以选择走向正面，也可以选择走向负面。为了不走向负面，了解"为什么会变得消极"，明白其中的原因和机制是至关重要的。

通过学习使思维和内心平静下来的方法，我们可以采取对自己和他人来说都"最佳"的行动。

三一大学的沃莱斯等人进行的一项研究发现，如果"伤害过某人的人（犯罪者）"的罪行没有获得受害者谅解，那么犯罪者有86%的概率会选择伤害同一个受害者。然而，他们报告说，当受害者原谅犯罪者时，犯罪者往往会停止攻击，甚至会对自己的行为感到后悔和忏悔。

正如人们所说，当你改变时，你周围的世界也会随之改变；当你的思想和情绪稳定时，你周围人的反应也会随之改变。我希望"不要想太多"能够帮助我们在生活中做出更好的选择。

最后，我想借此机会感谢参与此次出版的人员。

在过去的十年里，编辑松本幸树先生和圣所出版的大家曾经是我的学生，他们也一直是我重要的合作伙伴，作为我的智囊团给予我支持和鼓励。同时，我要感谢朋友、亲戚和家人。最后，我要特别感谢正在认真阅读本书的读者们。衷心感谢大家，愿我们的未来充满幸福和美好！